사랑스러운 우리 아이들이
건강하고 튼튼하게 자라날 수 있도록
정성을 다해 만들었습니다.

- 밍구 -

밍구's 식판
유아 반찬 140

일러두기

- 유아식은 1인분 기준으로 만들 경우 소량의 재료를 사용하기 때문에 계량이 어려울 수 있어요. 『밍구스 식판 유아 반찬 140』 속 레시피는 약 2~3인분 기준으로 만들었어요.
- 유아식은 간을 아예 안 하거나 약하게 하는 것이 좋기 때문에 어른 입맛에 맞추면 안 돼요. 맛을 봤을 때 싱겁다 싶은 정도가 좋아요. 하지만 개인차가 있으니 책에 표기된 간장, 소금, 설탕의 양은 적절하게 조절해주세요.
- 『밍구스 식판 유아 반찬 140』 속 레시피는 완료기 이유식이 끝날 무렵(13~14개월)의 아이부터 7세의 아이들까지 모두 먹을 수 있도록 만들었어요. 그래서 어떤 반찬은 우리 아이가 먹기에 클 수도 있어요. 그럴 땐 요리가 끝난 뒤 아이의 개월 수에 맞게 작게 잘라주면 돼요.

편식 없이 잘 먹는 우리 아이 식판 반찬
멍구's 식판
유아 반찬 140
김민정(멍구) 지음

CYPRESS
싸이프레스

Prologue

유아식이 처음인 엄마와 아이를 위해…

안녕하세요. 현재 4살과 6살 두 아들을 키우고 있는 엄마 밍구입니다.
저의 사랑스런 아이들이 2살, 4살일 무렵 저의 첫 유아 식판식 책 『밍구스 식판』이
출간된 이후 많은 관심과 과분한 사랑을 받았어요.
그 관심에 힘입어 이렇게 두 번째 책까지 만들게 되었어요. 정말 감사합니다.
첫 아이가 유아식을 시작했을 때를 떠올리면 '아, 나도 우리 아이도 참 많이 성장했구나…' 하는
생각이 들어요. 물론 이렇게 되기까지 꾸준함과 기다림 그리고 인내심이 필요했어요.

지금도 여전히 아이의 식습관을 위해 많은 고민을 하고 있어요.
이러한 고민 끝에 나온 유아 식단을 매일 저의 인스타그램에 기록하고 있는데
이것들이 그저 기록으로 끝나지 않고 엄마들에게 조금이나마 도움되고 있는 것 같아
참 뿌듯하고 감사해요.

지금 두 아이의 엄마이지만 저도 엄마가 처음이라서 첫 아이의 식사 시간을
책임지는 일이 참 벅차고 어려웠어요. 이유식이 끝남과 동시에
밥과 국, 그리고 반찬까지 만들어야 한다니… 도통 어떻게 해줘야 할지
생각이 나지 않아 막막하기만 했어요.
정말 누군가 나에게 '자, 이건 이렇게 하는 거야!'라며 속 시원히 알려주었으면
좋겠다는 생각을 많이 했었죠.
그런 마음으로 고민하고 자책하며 노력했던 시간들이 지나 어느 덧 5년 차!
엄마의 노력을 알아주기라도 하듯이 아이들은 정말 무럭무럭 성장해주었어요.
물론 엄마인 저와 아이들의 든든한 아빠도 같이요!
우리 부모는 지금도 아이들과 계속 성장 중이에요.
5년 동안 아이들의 밥을 책임지면서 쌓인 제 나름의 작은 팁들과
노하우를 이 책에 가득가득 담고 싶었어요.
저와 같은 고민을 하면서 유아식을 시작하시는 분들 그리고 매일
아이들의 반찬거리를 고민하시는 분들에게 바로 실전에 도움이 될 만한
현실적인 레시피들을 담으려고 노력했답니다.

'나는 정말 열심히 준비했어!'라고 하지만 우리 아이들은 내 마음처럼
잘 먹지 않을 수 있어요. 그러나 포기하지 않고 엄마와 아이가 같이 노력한다면
분명 하루하루 성장하는 모습을 볼 수 있을 거예요.
'도대체 오늘은 뭘 어떻게 먹이지?' 하는 고민이
이 책으로 조금이나마 덜어진다면 정말 좋겠습니다.

contents

유아 식판식을 준비하는 자세

우리 아이 편식 잡는 맛있는 채소 반찬

part 02 우리 아이 좋아하는 영양 만점 고기 반찬

우리 아이 입이 즐거운 쫄깃쫄깃 해산물 반찬

우리 아이 후루룩! 맛있는 국물 요리

우리 아이 깨끗이 비우는 푸짐한 한 그릇 요리

유아 식판식을 준비하는 자세

우리 아이 반찬으로 아무리 좋은 레시피라 해도 초보 엄마들이 따라
하기 힘들면 말짱 꽝이에요. 그런 의미로 밍구의 유아 식판식 레시피를
더욱 손쉽게 따라할 수 있도록 기본기부터 먼저 소개할게요!
평소에 두루두루 활용할 수 있는 꿀팁까지 담겨져있어요.
그리고 바쁜 엄마들을 대신해 한눈에 쏙 들어오도록 우리 아이를 위한
4주 식단을 짜보았어요. 식단표에 들어있는 다양한 식판을 참고하며
우리 아이 반찬을 쉽고 간단하게 준비해보아요.

intro

식판식을 위한 요리 시작하기

계량하기

계량은 요리의 시작이죠! 저울이 따로 없어도 우리집에서 쉽게 볼 수 있는 숟가락과 종이컵을 이용해 간편하게 계량할 수 있도록 표기했어요. 계량만 잘해도 요리의 절반은 성공이에요!

밥숟가락 계량

액체류
(간장, 물, 육수)

1숟가락
숟가락 가득 담아요.

½숟가락
숟가락 중앙에 찰랑이게 담아요.

⅓숟가락
숟가락의 ⅓ 정도만 담아요.

가루류
(설탕, 밀가루, 소금 등)

1숟가락
숟가락 가득 수북하게 담아요.

½숟가락
숟가락 절반 정도만 담아요.

⅓숟가락
숟가락의 ⅓ 정도만 담아요.

장류
(된장, 미소된장, 고추장 등)

1숟가락
숟가락 가득 볼록하게 담아요.

½숟가락
숟가락 절반 정도만 담아요.

⅓숟가락
숟가락의 ⅓ 정도만 담아요.

다진 채소류
(다진 마늘, 다진 파, 다진 파프리카 등)

1숟가락
숟가락 가득 담아요.

½숟가락
숟가락 절반 정도만 담아요.

손 계량

채소류

부추 1줌
엄지손가락과 검지손가락 사이로 자연스럽게 가득 쥐어요.

채 썬 무 1줌
손 안에 가득 쥐어요.

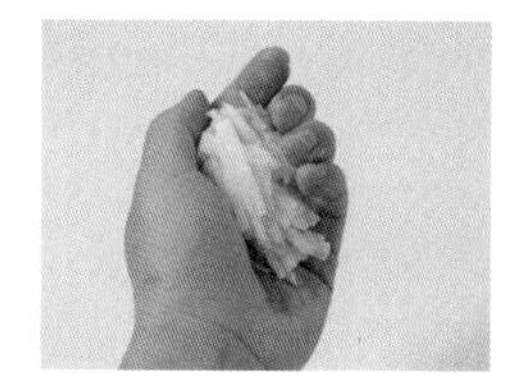

채 썬 무 ½줌
손바닥 절반 정도의 양만 쥐어요.

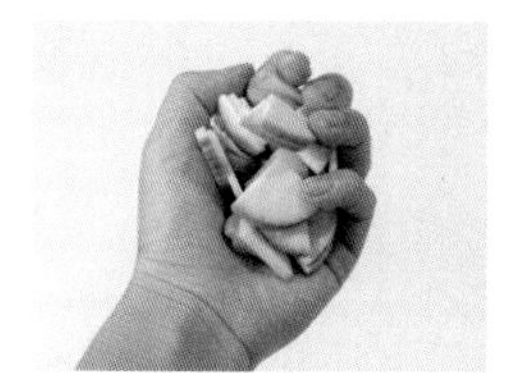

부채꼴 썰기한 애호박 1줌
손 안에 가득 쥐어요.

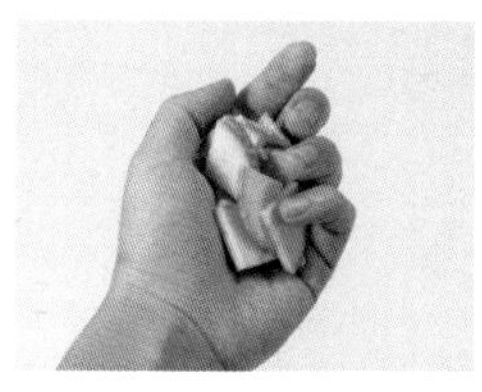

부채꼴 썰기한 애호박 ½줌
손바닥 절반 정도의 양만 쥐어요.

고기/해산물류
(다진 고기, 소고기, 돼지고기, 오징어, 새우 등)

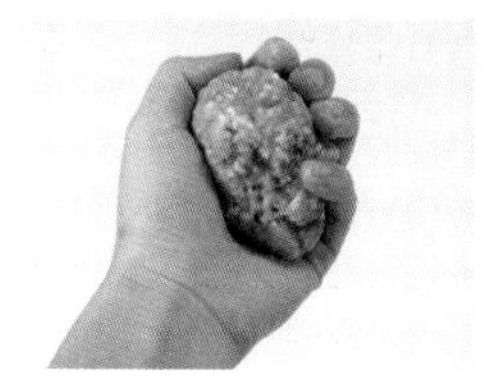

1줌
손 안에 가득 쥐어요.

½줌
손바닥 절반 정도의 양만 쥐어요.

면류

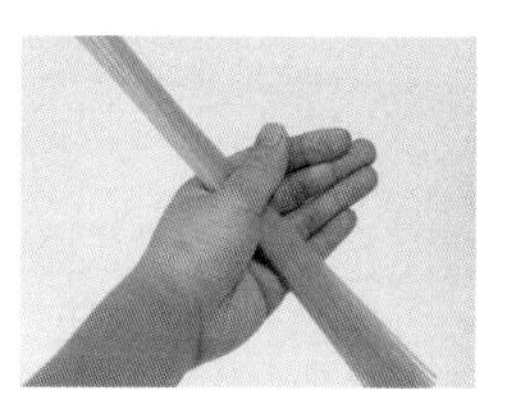

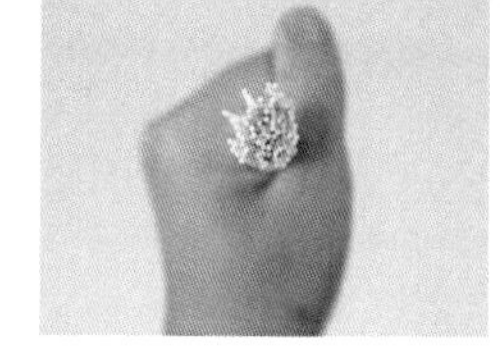

파스타 면 1줌/국수 면 1줌
100원 동전 크기만큼 쥐어요.

소금 약간

소금, 통깨, 후춧가루 등을
엄지와 검지로 살짝 집어요.

밍구's TIP!

무, 배추, 양배추같이 재료의 크기가 일정하지 않거나 혹은 아주 소량의 양을 사용할 경우 최대한 비슷하게 계량할 수 있도록 요리에 맞는 형태로 썰거나 자른 뒤 손으로 계량했어요.

종이컵 계량

액체류
(물, 육수, 간장 등)

1컵(약 180ml)
일반 종이컵 가득 담아요.

½컵(약 90ml)
종이컵의 절반을 담아요.

⅓컵(약 60ml)
종이컵의 ⅓만 담아요.

고기/해산물류

1컵
가볍게 눌러가며 가득 담아요.

½컵
가볍게 눌러가며 절반만 담아요.

재료 썰기

셰프들의 화려한 칼질만큼은 아니지만 우리 아이에게 맛있는 음식을 차려줄 정도로는 준비되어야겠지요? 요리에 맞는 방법으로 차근차근 재료를 다듬어보아요. 그다지 어렵지 않아요!

1. **채썰기** 무, 당근 등의 채소를 가늘고 길게 썰어요.
2. **다지기** 파프리카, 파 등의 재료를 잘게 썰어요.
3. **깍둑썰기** 작고 네모지게 주사위 모양으로 썰어요.
4. **송송 썰기** 파, 부추와 같이 가늘고 긴 재료를 모양 그대로 잘게 썰어요.
5. **어슷썰기** 파, 오이 등의 재료를 비스듬히 썰어요.
6. **얇게 썰기** 마늘, 밤 등의 재료를 넓적하고 얇게 썰어요.
7. **부채꼴 썰기** 애호박, 당근 등 단면이 둥근 재료를 십자 모양으로 4등분한 뒤 썰어요.
8. **통썰기** 재료의 형태를 그대로 살려 썰어요.

밥 짓기

한식의 기본은 밥이에요. 밥이 맛있어야 같이 어우러지는 국, 반찬들이 더욱 빛이 난다고 생각해요.
아이들이 맛있게 잘 먹는 밥 짓기! 밍구와 함께 시작해보아요!

흰 쌀밥

재료 쌀 1컵, 물 1컵

1. 쌀은 손을 갈고리 모양으로 만들어 살살 휘저으며 찬물에 두세 번 정도 씻은 뒤 30분간 불려요.
   박박 문지르면 쌀눈이 떨어지니 살살 씻는 것이 중요해요.
2. 불린 쌀은 체에 밭쳐 물기를 빼요.
3. 솥에 불린 쌀과 분량의 물을 넣고 뚜껑 덮어 끓이다가 물이 끓어오르면 숟가락으로 휘리릭 젓고 다시 뚜껑을 덮어 약불로 줄여요.
4. 약불에서 10분간 익히다가 불을 끄고 다시 10분간 뜸을 들여요.
5. 갓 지어진 밥은 바닥까지 주걱으로 뒤집어 고루 섞어요.

1

2

3

4

5

밍구'S TIP!

흑미밥 만들기

재료 쌀 1컵, 흑미 ⅕컵, 물 1⅓컵

흑미를 포함한 잡곡밥을 짓는 방법도 흰 쌀밥과 거의 비슷해요. 1번 과정에서 쌀과 분량의 흑미를 섞어 쌀을 불리고, 3번 과정에서 쌀, 불린 흑미, 분량의 물을 넣고 밥을 안쳐주세요. 나머지 과정은 흰 쌀밥과 동일해요.

육수 만들기

육수는 유아식을 할 때 적은 간으로 충분한 감칠맛을 끌어올려주는 아주 중요한 역할을 해요.
요리의 기본이 되는 육수! 정성스럽게 끓여볼까요?

멸치 다시마 육수

재료 다시마(5cmx5cm) 3장, 국물용 멸치 10마리, 물 5컵

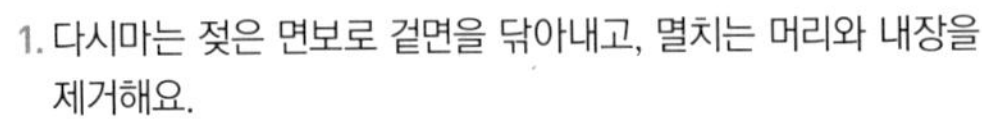

1. 다시마는 젖은 면보로 겉면을 닦아내고, 멸치는 머리와 내장을 제거해요.
   내장을 제거하지 않고 끓이면 텁텁하고 쓴맛이 나요.
2. 마른 팬에 멸치를 볶아 수분을 날려요.
   멸치의 비린내를 제거할 수 있어요.
3. 냄비에 분량의 물과 다시마, 볶은 멸치를 넣고 끓여요.
4. 육수가 끓기 시작하면 다시마를 건져내고 약불에 15~20분간 끓여요.
   떠오르는 거품을 제거해야 비린내가 나지 않아요.
5. 다 끓은 육수는 체나 면보에 걸러요.

● **유통기한** 냉장 보관 2~3일, 냉동 보관 2주~1달

밍구's TIP!

육수는 넉넉하게 끓여 두었다가 냉동실에 보관한 뒤 필요할 때마다 물 대신 사용해보세요. 조미료 없이도 감칠맛이 나고 음식 맛이 훨씬 깊어져요.

다시마 육수

재료 다시마(7x7cm) 2장, 물 5컵

1. 다시마는 젖은 면보로 닦아낸 뒤 찬물에 1시간~반나절 이상 담가 둬요.
2. 냄비에 분량의 물과 다시마를 넣고 끓여요.
3. 육수가 끓기 시작하면 다시마는 건져내고 체나 면보에 거르거나 그대로 사용해요.

● **유통기한** 냉장 보관 2~3일, 냉동 보관 2주~1달

밍구's TIP!

다시마는 오래 끓이면 국물이 텁텁해지고 끈적끈적한 점액질이 나오기 때문에 찬물에 미리 우려낸 뒤 한소끔 끓여 사용하는 것이 좋아요.

김치 만들기

한국인의 대표 반찬 김치! 잘 익은 김치는 입맛을 돋우는 데 큰 역할을 하지요.
과일을 사용해서 자극적이지 않도록 아이 김치를 만들어보아요.

아기 배추김치

재료 알배추 1통, 소금 3숟가락, 물 1컵, 쪽파 약간
찹쌀풀 찹쌀가루 1숟가락, 물 1컵
김치 양념 사과 ½개, 양파 ⅕개, 마늘 2쪽, 고춧가루 ½숟가락, 매실청 ½숟가락, 새우젓 약간

1. 배추는 깨끗이 씻어 먹기 좋게 썰고, 소금과 물 1컵을 넣고 뒤적거려요. 그대로 1시간~1시간 30분간 절여요.
   배추는 줄기 부분을 꺾어봤을 때 뚝 부러지지 않고 구부러지면 다 절여진 거예요.
2. **찹쌀풀** 재료를 섞어 냄비에 넣고 약불에서 덩어리지지 않도록 5분간 끓인 뒤 완전히 식혀요.
3. 사과와 양파는 껍질을 깐 뒤 적당히 썰어요.
4. 손질한 사과와 양파, 나머지 **김치 양념**을 믹서에 곱게 간 뒤 식힌 찹쌀풀과 섞어요.
5. 절인 배추는 찬물에 헹군 뒤 체에 밭쳐 물기를 빼요.
6. 쪽파와 절인 배추에 김치 양념을 넣고 살살 버무려요.
7. 밀폐 용기에 넣고 하루 정도 실온에 두었다가 냉장고에서 1~2일 숙성시킨 뒤 먹어요.

밍구's TIP!

- 고춧가루의 양은 아이가 먹을 수 있는 정도로 조절해주세요.
- 아기용 김치는 일반 김치보다 짜지 않게 만들기 때문에 소금이 적게 들어가요. 그래서 오래 두고 먹기보다는 조금씩 자주 만들어 먹는 것이 안전하고 좋아요.

양배추물김치

재료 양배추 ¼통, 당근 약간, 쪽파 약간, 물 1리터
절임 재료 소금 2½숟가락, 설탕 3숟가락, 물 ½컵
찹쌀풀 물 3컵, 찹쌀가루 3숟가락
김치 양념 배 ½개, 양파 ⅕개, 마늘 5쪽, 생강 약간, 멸치액젓 1숟가락

1. 양배추는 굵은 줄기 부분을 제거한 뒤 먹기 좋은 크기로 썰고, 식촛물에 10분 정도 담가 찬물에 헹궈 씻어요. 여기에 **절임 재료**를 넣어 골고루 뒤섞고 1시간 동안 절여요.
2. **찹쌀풀** 재료를 섞어 냄비에 넣고 약불에서 덩어리지지 않도록 5분간 끓인 뒤 완전히 식혀요.
3. 당근은 얇게 채 썰고, 쪽파도 적당히 썰어요.
4. **김치 양념**에 들어가는 배와 양파는 껍질을 깐 뒤 적당히 썰고, 마늘과 생강도 다듬어요.
5. 믹서에 손질한 재료를 포함한 **김치 양념**을 전부 넣고 곱게 간 뒤 면보로 걸러요.
   김치 국물이 깔끔해져요.
6. 김치통에 식힌 찹쌀풀과 분량의 물과 갈은 김치 양념을 넣고 섞어요.
7. 절인 양배추는 헹구지 말고 그대로 건더기만 건져요.
   이때 절인 물은 버리지 말고 나중에 부족한 간을 맞출 때 사용하면 좋아요.
8. 김칫물에 절인 양배추, 당근, 쪽파를 넣고 휘휘 저어준 뒤 실온에 하루 정도 두었다가 냉장고에서 1~2일 숙성시킨 뒤 먹어요.

파프리카나박김치

재료 무 $\frac{1}{3}$개, 알배추 $\frac{1}{3}$통, 당근 약간, 소금 2숟가락, 설탕 2숟가락, 사과 $\frac{1}{3}$개, 쪽파 약간, 물 1리터
절임 재료 소금 2숟가락, 설탕 2숟가락, 물 $\frac{1}{2}$컵
찹쌀풀 물 2$\frac{1}{2}$컵, 찹쌀가루 2숟가락
김치 양념 배 $\frac{1}{2}$개, 양파 $\frac{1}{5}$개, 파프리카 $\frac{2}{3}$개, 마늘 3쪽, 생강 약간

1

2

3

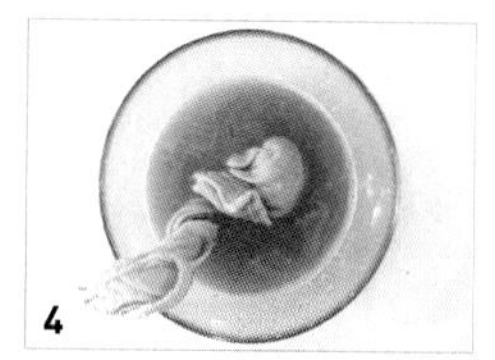
4

5

6

1. 무는 나박 썰고, 알배추와 당근은 비슷한 크기로 썬 뒤 **절임 재료**를 넣어 1시간 동안 절여요.
2. **찹쌀풀** 재료를 섞어 냄비에 넣고 약불에서 덩어리지지 않도록 5분간 끓인 뒤 완전히 식혀요.
3. 사과는 껍질을 벗겨 나박 썰고, 쪽파는 송송 썰어요.
4. 믹서에 **김치 양념**을 넣고 곱게 간 뒤 면보로 걸러요.
5. 절인 무와 배추는 헹구지 않고 건더기만 건져내요.
   이때 절인 물을 버리지 말고 나중에 부족한 간을 맞출 때 사용해요.
6. 김치통에 분량의 물, 찹쌀풀, 갈은 양념을 모두 넣어 섞고 절인 무, 사과, 쪽파를 넣고 휘휘 저은 뒤 실온에 하루 정도 두었다가 냉장고에서 1~2일간 숙성시킨 뒤 먹어요.

밍구's TIP!

매운 음식을 조금씩 먹는 아이의 경우 파프리카 대신 고춧가루나 홍고추를 갈아서 사용해도 좋아요.

초간단 절임 반찬

단 3분이면 끝나는 초간단 곁들임 반찬을 소개할게요! 새콤달콤해서 아이들의 입맛을 돋우기에도 제격이랍니다.

간단 무절임

재료 채 썬 무 2줌, 소금 ¼숟가락, 설탕 ½숟가락, 식초 1숟가락

1

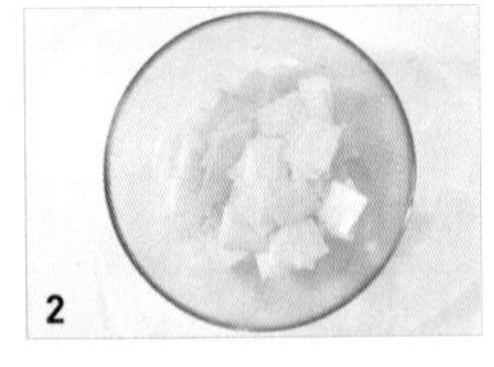

2

1. 무는 네모지고 최대한 얇게 썰어요.
2. 넓은 볼에 무와 소금, 설탕, 식초를 넣고 섞어준 뒤 15~20분간 절여요.

밍구's TIP!

고춧가루가 들어간 음식을 조금씩 먹기 시작하는 아이의 경우 2번의 과정에서 고춧가루를 약간 넣어서 무쳐도 좋아요.

간단 채소피클

재료 오이 1개, 당근 약간, 소금 ¼숟가락, 설탕 1숟가락, 식초 3숟가락

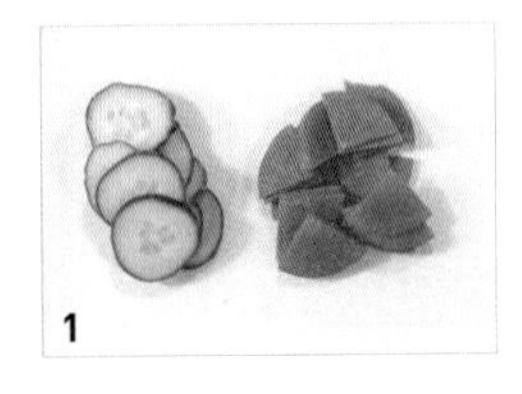

1

2

1. 오이는 얇게 썰고, 당근도 비슷한 크기로 얇게 썰어요.
2. 넓은 볼에 오이와 당근을 넣고 소금, 설탕, 식초를 넣어 섞은 뒤 15~20분간 절여요.

밍구's TIP!

- 바로 만들어서 먹는 피클이기 때문에 오래 보관할 경우 쉽게 상하거나 무를 수 있어요.
- 하루 정도 냉장고에 두었다가 차갑게 해서 먹으면 더 맛있어요.

식단 걱정 한 번에 해결하는 만능 4주 식단

우리 아이의 식단을 짜는 일이란 해도 해도 어려운 일인 것 같아요.
반찬을 어떻게 조합해서 먹여야 영양도, 맛도 다 잡을 수 있을지 항상 고민이 되지요.
그럴 땐 밍구가 제안하는 4주 식판 식단표를 참고해보세요.
이 식단표 안에서 몇 가지를 조합하다 보면 나만의 노하우가 생길 거예요.
예쁘고 맛있는! 무엇보다 아이들이 좋아하는 밍구의 베스트 식단표 공개합니다!

1 weeks

	아침	점심	저녁
월요일	굴미역국 p.168 명엽채볶음 p.133 콩나물찜 p.028 애호박크래미전 p.052 	해물볶음우동 p.224 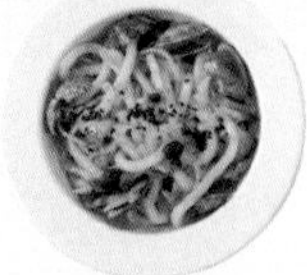	배춧국 p.174 무닭조림 p.080 파래배무침 p.124 
화요일	게살호박덮밥 p.258 	새우달걀국 p.166 삼치카레구이 p.138 시금치된장나물 p.032 	바지락미역미소국 p.170 베이컨양송이버섯볶음 p.106 세발나물무침 p.067 
수요일	들깨감자탕 p.180 숙주볶음 p.033 참치채소전 p.148 	파래볶음밥 p.222 	오징어무챗국 p.204 두부스테이크 p.060 
목요일	소고기채소덮밥 p.256 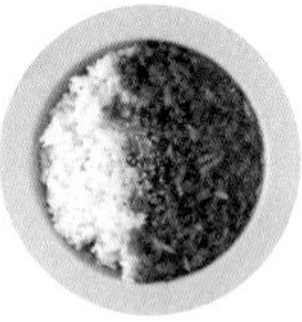	홍합탕 p.176 갈릭전복버터구이 p.162 명란달걀찜 p.118 	김달걀국 p.167 참나물두부무침 p.048 연어스테이크 p.149 
금요일	우엉볶음밥 p.246 	아기 청국장 p.183 참치비빔밥 p.234 	소고기버섯전골 p.200 단호박고구마채전 p.040 채소참치 p.146 
토요일	대구맑은탕 p.212 표고버섯들깨진밥 p.259 	고구마크림파스타 p.250 간단 채소피클 p.020 	조개탕 p.197 콩나물불고기 p.092 관자브로콜리볶음 p.128 깻잎순지짐 p.050 
일요일	달걀죽 p.219 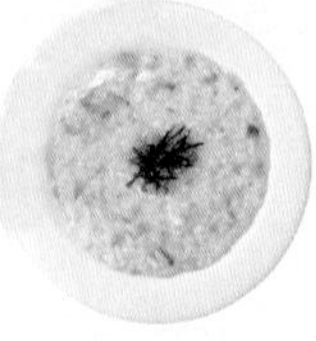	새우무챗국 p.188 미트볼토마토조림 p.104 고구마볶음 p.038 청경채새송이버섯볶음 p.065 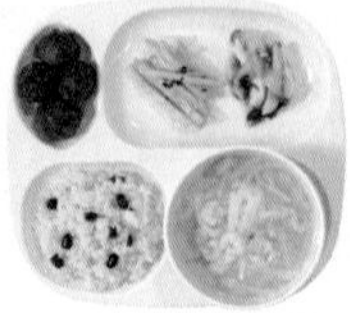	바지락어묵탕 p.196 콩나물미나리무침 p.030 마늘멸치볶음 p.119 

2 weeks

	아침	점심	저녁
월요일	팽이버섯미소국 p.175 다진돼지고기 떡볶음 p.098 파래치즈전 p.122	소고기볶음국수 p.238	오이수박냉국 p.198 아기 김밥 p.220
화요일	조랭이떡국 p.206	새우마늘볶음밥 p.216	오징어단호박 된장국 p.202 치킨텐더 p.084 토마토오이샐러드 p.066 채소달걀말이 p.043
수요일	참치채소진밥 p.232	명란순두부국 p.173 닭안심오이냉채 p.086 감자조림 p.034	아기 비빔국수 p.230
목요일	시금치 크림리소토 p.242	콩나물냉국 p.190 닭다리살 스테이크 p.077 단호박 고구마범벅 p.039	홍합아욱국 p.178 짜장볶음밥 p.248 새우탕수 p.134
금요일	소고기콩나물뭇국 p.192 두부카레 p.100 미역줄기볶음 p.131 감자부추볶음 p.035	굴림만둣국 p.208	새우 호박맑은국 p.186 김달걀말이 p.127 소고기 가지볶음 p.076 도토리묵무침 p.042
토요일	새우 채소밥전 p.218	감자배추된장국 p.182 아기 수육 p.087 양파볶음 p.046 묵은지지짐 p.064	잡채밥 p.254 황태감잣국 p.194
일요일	소고기토마토진밥 p.240 버섯들깨뭇국 p.199	닭곰탕 p.210 어묵채볶음 p.161 미역초무침 p.132	크림카레 파스타 p.244 양배추 사과샐러드 p.053

3 weeks

	아침	점심	저녁
월요일	아기 김치찌개 p.184, 고구마순들깨볶음 p.036, 대구전 p.126	배춧국 p.174, 바지락찜 p.140, 채소조림 p.044	두붓국 p.172, 곤약조림 p.045, 국물돼지불고기 p.088
화요일	부추주먹밥 p.227, 들깨감자탕 p.180	오징어단호박된장국 p.202, 고기깻잎전 p.102, 뱅어포볶음 p.160	돼지안심탕수육 p.096, 오징어카레볶음밥 p.226
수요일	새우달걀국 p.166, 병어조림 p.154, 숙주볶음 p.033	오징어무챗국 p.204, 돼지안심찹스테이크 p.094, 양파볶음 p.046	어묵숙주국수 p.228
목요일	두붓국 p.172, 된장채소비빔밥 p.236	소고기콩나물뭇국 p.192, 해물짜장 p.156, 우엉조림 p.068	참치채소진밥 p.232
금요일	새우채소밥전 p.218	홍합아욱국 p.178, 등갈비찜 p.108, 채소조림 p.044, 양배추사과샐러드 p.053	홍합미역덮밥 p.252
토요일	팽이버섯미소국 p.175, 고기감자전 p.112, 브로콜리무침 p.063	바지락떡볶이 p.142	명란순두붓국 p.173, 소고기무장조림 p.072, 감자부추볶음 p.035
일요일	달걀죽 p.219	아기 김치찌개 p.184, 수제어묵 p.152, 옛날샐러드 p.054	아기 해물찜 p.158, 간단 무절임 p.020, 시금치된장나물 p.032

4 weeks

	아침	점심	저녁
월요일	조랭이떡국 p.206	콩나물냉국 p.190, 닭가슴살무침 p.078, 새우호박볶음 p.136	아기 김밥 p.220
화요일	황태감잣국 p.194, 연두부강된장 p.062	배춧국 p.174, 베이컨팽이버섯떡말이 p.107, 표고버섯불고기 p.056	굴림만둣국 p.208
수요일	굴미역국 p.168, 삼겹살마늘종볶음 p.114, 토마토오이샐러드 p.066	아기 청국장 p.183, 아기 오징어볶음 p.144, 도토리묵무침 p.042	해물짜장 p.156, 채소조림 p.044
목요일	황태감잣국 p.194, 부추주먹밥 p.227	고구마크림파스타 p.250, 간단 채소피클 p.020	두붓국 p.172, 소고기무장조림 p.072, 파프리카잡채 p.058
금요일	아기 비빔국수 p.230	시금치크림리소토 p.242, 간단 무절임 p.020	조개탕 p.197, 삼치카레구이 p.138, 단호박고구마범벅 p.039
토요일	홍합아욱국 p.178, 미소닭구이 p.082, 새우호박볶음 p.136	잡채밥 p.254	바지락어묵탕 p.196, 깻잎순지짐 p.050, 애호박크래미전 p.052
일요일	소고기채소덮밥 p.256	새우무챗국 p.188, 우엉볶음밥 p.246	오징어단호박된장국 p.202, 묵은지지짐 p.064, 고구마볶음 p.038

밍구's TIP!

- 식단표에는 밥과 아기 김치(아기 배추김치/양배추물김치/파프리카나박김치)가 적혀있지 않지만 식단마다 밥과 김치의 종류를 바꿔가며 같이 곁들여주세요.
- 밍구스 식단표는 여러 가지 반찬의 구성을 알려드리기 위해서 최대한 다양하게 메뉴를 구성했어요. 우리 엄마들이 삼시세끼 매일 다른 국과 반찬을 만들어 먹이기가 부담스럽고 힘들 수 있잖아요. 절대 부담 갖지 마세요. 한 번 만들 때 넉넉하게 만들어서 2~3끼니 정도는 같은 메뉴로 먹여도 괜찮아요!

유아 식판식, 무엇이든 물어보세요!

엄마들이 밍구에게 제일 많이 하는 질문들! 속 시원하게 대답해드립니다!

Q. 유아 식판식이 무엇인가요?

밍구 SAY 이유식이 끝나면 숨 돌릴 틈도 없이 바로 유아식이 시작돼요. 유아식은 이유식과 일반식 즉, 성인이 먹는 식단의 중간 단계예요. 보통 14개월부터 72개월까지의 식사를 유아식이라고 하지요. 이때의 식습관이 아이의 식생활에 지대한 영향을 미치기 때문에 유아식이 아주 중요해요. 최대한 다양한 식재료를 접해야 나중에 편식이 생길 위험이 적고, 스스로 선택할 수 있는 음식의 폭이 넓어져요. 바로 이런 유아식을 식판에 담아 먹는 형태를 유아 식판식이라고 해요.

Q. 식판식이 왜 좋아요?

밍구 SAY 식판식을 하면 아이들이 꼭 먹어야 할 반찬들을 적절하게 구성해 먹일 수 있어요. 밥, 국, 반찬 3가지의 구성이면 성장기 아이들에게 필요한 영양 성분을 골고루 챙길 수 있지요. 반찬은 채소 반찬 2가지, 고기 또는 해산물 1가지로 구성하는 것을 추천해요. 김치는 그때그때 식단에 맞게 따로 곁들여도 좋고, 채소 반찬 1가지 대신에 담아줘도 좋아요. 과일은 당분이 있기 때문에 밥을 다 먹고 먹을 수 있도록 따로 내어주세요. 또한 식판식은 아이에게 책임감을 줘요. 아이들에게 자기만의 식판을 주면 깨끗이 비워야 한다는 생각을 하기 때문에 편식을 자연스럽게 고칠 수 있어요. 또한 바쁜 엄마들의 설거지를 대폭 줄일 수 있다는 것도 큰 장점이에요.

Q. 간은 얼마만큼 해야 할까요?

밍구 SAY 보통 완료기 이유식이 끝나고 처음 유아식을 할 때 간도 조금씩 시작하는 경우가 많아요. 이유식을 잘 먹던 아이가 갑자기 밥을 잘 먹지 않는 정체기가 올 때부터 간을 해주는 경우도 있고요. 어렸을 때부터 과다한 염분에 노출되면 아이들 건강에 좋지 않기 때문에 간을 거의 하지 않거나 어른들이 먹었을 때 싱겁다고 느껴질 정도가 좋아요. 하지만 무엇보다 중요한 것은 잘 먹지 않는 아이들을 먹게 만드는 것이랍니다. 싱거운 반찬을 아이들이 아예 안 먹는 것보다는 차라리 약간이라도 간을 해서 아이가 맛있게 먹을 수 있도록 만들어주는 것이 좋아요.

Q. 아이를 위해서 열심히 만들었는데 잘 먹지 않아서 속상해요. 이럴 땐 어떡하죠?

밍구 SAY 아이를 위해서 열심히 만든 반찬을 한순간에 '퉤!' 하고 뱉어버리는 아이를 보면 엄마는 너무 속상하고 순간 화가 부르르 치밀어 오르죠. 그럴 땐 실망하지 않고 내려놓는 마음이 필요해요. 아이가 새로운 식재료와 친해질 수 있도록 기다려주세요. 엄마가 실망하고 포기하는 순간 아이의 편식은 더욱 심해질지도 몰라요. 오늘 당장은 먹지 않아도 꾸준히 같은 재료를 보여주고 먹을 수 있는 상황을 만들어주세요. 아이가 시금치무침을 먹지 않는다면 시금치를 주재료로 활용하되 시금치달걀말이, 시금치볶음밥, 시금치리소토, 시금치프리타타 등 아이들이 좋아하는 재료와 함께 만들어주세요. 재료를 잘게 다져 볶음밥에 넣어도 좋아요. 이렇게 식재료가 익숙해지도록 꾸준히 노력하면 언젠가 먹지 않던 재료도 맛있게 먹게 될 거예요.

part

01

우리 아이 편식 잡는 맛있는 채소 반찬

비타민과 좋은 영양소가 가득한 채소! 하지만 채소를 잘 먹지 않는 아이들이 정말 많아요. 편식 없이 골고루 먹어서 건강하고 씩씩하게 자랐으면 하는 엄마의 마음도 모르고 채소만 쏙쏙 골라내는 아이들을 보면 너무나 속상하죠. 그럴 땐 아이들 입맛에 딱 맞게 준비한 밍구의 특급 레시피를 기억하세요! 채소만으로도 충분히 맛있는 유아 반찬을 만들 수 있답니다. 저와 함께 채소 안 먹는 우리 아이의 편식을 잡아줄 맛있는 채소 반찬을 만들어보아요.

콩나물찜

콩나물은 주된 식재료가 아닌 곁들이는 부재료로 주로 쓰이곤 해요.
하지만 콩나물의 아삭한 식감과 깔끔하고 시원한 맛을 살리면
콩나물만으로도 훌륭한 반찬을 만들 수 있어요.
맛있게 쪄서 그 위에 소스를 얹어 고급스럽게 즐겨보세요.

READY

- 콩나물 2줌
- 물 1컵

소스

- 전분물 ½숟가락
  (물 3 : 감자전분가루 1)
- 물 ½컵
- 간장 2숟가락
- 맛술 1숟가락
- 올리고당 1숟가락
- 다진 파 ½숟가락

1 콩나물은 지저분한 부분을 다듬어요.

2 냄비에 콩나물과 분량의 물을 넣은 뒤 뚜껑을 덮고 중불에서 5~7분간 쪄요.

3 콩나물을 찔 동안 전분물을 만들고, 전분물을 제외한 **소스** 재료를 섞어요.

4 팬에 전분물을 제외한 **소스** 재료를 넣은 뒤 소스가 끓으면 불을 끄고 전분물로 농도를 조절해요.

5 찐 콩나물에 소스를 부어요.

밍구'S TIP!

콩나물 삶는 법

콩나물은 처음부터 뚜껑을 닫거나 아예 열고 끝까지 익혀야 비릿한 냄새가 나지 않아요. 뚜껑을 닫고 삶는 도중에 뚜껑을 열면 비린내가 나므로 주의해요. 삶는 시간은 양에 따라 다르지만 보통 3~5분이면 적당해요.

콩나물미나리무침

콩나물은 아삭아삭한 식감이 매력적인 채소예요.
한가득 집어 담아도 가격이 저렴해서
우리 주부들이 자주 찾는 기본 식재료이기도 하지요!
미나리를 넣어서 밋밋할 수 있는 콩나물에 향긋함을 더해주었어요.

READY

- 미나리 2줌
- 소금 약간
- 콩나물 1줌
- 참기름 ½ 숟가락
- 통깨 약간

1 미나리는 억센 줄기를 제거한 뒤 찬물에 여러 번 씻어요.

2 끓는 물에 소금을 약간 넣고 손질한 미나리를 30초간 데쳐요.

3 콩나물도 깨끗하게 씻어 끓는 물에 3분간 데쳐요.

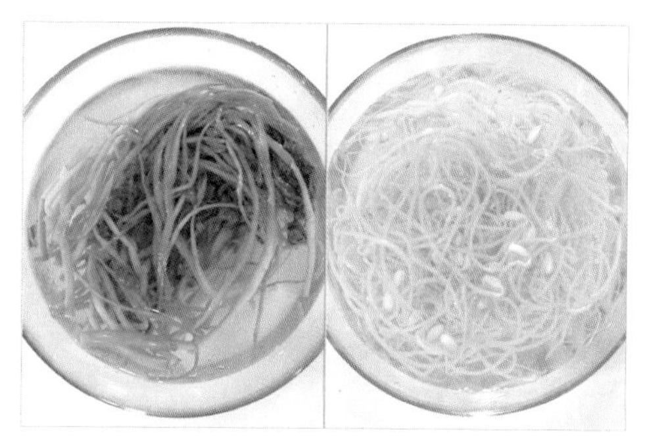

4 데친 미나리와 콩나물은 찬물에 헹구고 물기를 꼭 짠 뒤 먹기 좋은 크기로 썰어요.

밍구's TIP!

콩나물을 익힐 때는 비린내가 날 수 있으므로 뚜껑을 여닫지 않는 것이 좋아요.

미나리 손질법

미나리는 잎과 줄기가 억세지 않은 것으로 골라요.
미나리를 손질할 때는 굵은 줄기와 억센 잎을 제거해주세요.
잎의 질긴 식감이 싫다면 모두 떼어내어 사용해도 좋아요. 손질한 미나리는 물에 담가 흔들어 3~4회 씻은 뒤 10원짜리 동전을 넣은 물에 담가놓으면 거머리가 빠져나와요. 습지에서 자라는 미나리에는 간혹 거머리가 붙어있는 경우가 있어요.

5 데친 미나리와 콩나물에 소금을 약간 넣어 간을 한 뒤 참기름과 통깨를 넣고 가볍게 버무려요.

시금치된장나물

시금치 하면 건강한 채소라는
생각이 제일 먼저 들어요.
단맛이 풍부한 맛있는 시금치를
된장 양념으로 맛있게 무쳐냈어요.

READY

- ○ 시금치 ½단
- ○ 소금 약간
- ○ 된장 ½숟가락
- ○ 올리고당 ⅓숟가락
- ○ 참기름 ⅓숟가락
- ○ 통깨 약간

1 시금치는 뿌리를 깨끗이 다듬은 뒤 찬물에 여러 번 헹궈요.

2 끓는 물에 소금을 약간 넣고 시금치를 30~40초간 데친 뒤 찬물에 헹구고 물기를 꼭 짜요.

3 된장, 올리고당, 참기름, 통깨를 넣고 간이 잘 배도록 조물조물 무쳐요.

밍구'S TIP!

- 완성된 시금치된장나물은 아이의 개월 수에 맞춰 먹기 좋게 잘라주세요.
- 아이가 된장의 향을 부담스러워한다면 국간장이나 소금으로 간을 해도 괜찮아요.

숙주볶음

숙주는 손질만 깨끗하게 하면 금방
훌륭한 반찬을 만들어낼 수 있는
아주 좋은 재료예요.
휘리릭 볶아 쉽고 간단하게
만들 수 있어요.

READY

- ○ 숙주 2줌
- ○ 들기름 1숟가락
- ○ 다진 마늘 약간
- ○ 간장 1숟가락
- ○ 올리고당 ½숟가락
- ○ 통깨 약간

밍구'S TIP!

숙주를 너무 오래 볶으면 숨이 다 죽고
뻣뻣해져 맛이 없어요. 짧은 시간에 휘리릭
요리해야 식감이 아삭아삭하게 살아요.

1 숙주는 찬물에 헹궈 지저분한 부분을 다듬어요.

3 간장과 올리고당을 넣고 센 불에서 숙주의 숨이 살짝 죽을 때까지 볶은 뒤 불을 끄고 통깨를 뿌려요.

2 달군 팬에 들기름을 두르고 다진 마늘을 볶다가 숙주를 넣어요.

엄마 &아빠도 먹어요!

베이컨이나 차돌박이를 넣고 매운 고추 1~2개, 고춧가루 ½숟가락을 넣어 볶으면 매콤하고 맛있는 차돌박이 or 베이컨숙주볶음을 만들 수 있어요.

감자조림

포슬포슬한 감자를 맛있게
조려놓으면 이게 은근 밥도둑이에요.
고추장을 넣고 매콤하게 조리면
어른 밥반찬으로도 정말 좋아요.

READY

- 감자(소) 3개
- 식용유 약간
- 물 또는 다시마 육수 1컵
- 다진 마늘 약간
- 간장 1숟가락
- 맛술 1숟가락
- 올리고당 ⅔숟가락

밍구'S TIP!

- 감자를 찬물에 담가 전분기를 제거하면 지저분하지 않고 깔끔하게 요리할 수 있어요.
- 감자를 살짝 볶은 뒤 조리면 감자가 부서지는 것을 막을 수 있어요. 4번 과정에서 너무 오래 익혀도 감자가 다 부서지니 조심해요.

1 감자는 껍질을 벗겨 깍둑썰기한 뒤 찬물에 담가 전분기를 제거해요.

2 냄비에 식용유를 약간 두르고 감자를 1분간 볶아요.

3 분량의 물 또는 다시마 육수를 붓고, 다진 마늘, 간장, 맛술, 올리고당을 넣어 중불에서 3~5분간 끓여요.

4 감자가 포슬포슬하게 익으면 불을 꺼요.

감자부추볶음

예전에 할머니께서 반찬으로 자주 해주셨던 것 중 하나가 바로 감자볶음이에요. 감자를 얇게 채 썰어 달달 볶은 감자볶음은 투박해보여도 맛은 최고였어요! 젓가락으로 한가득 집어 먹었던 기억이 나요.

READY

- 감자(중) 1개
- 송송 썬 부추 2숟가락
- 식용유 약간
- 소금 약간
- 통깨 약간

밍구'S TIP!

- 감자 요리를 할 때는 감자를 물에 담가 전분기를 제거해야 텁텁하지 않고 깔끔한 맛을 낼 수 있어요.
- 감자가 익는 시간이 꽤 오래 걸리니 센 불에서 익히기보다 약불에서 타지 않도록 천천히 익혀주세요.

1 감자는 껍질을 벗겨 얇게 채 썰고, 부추는 송송 썰어요.

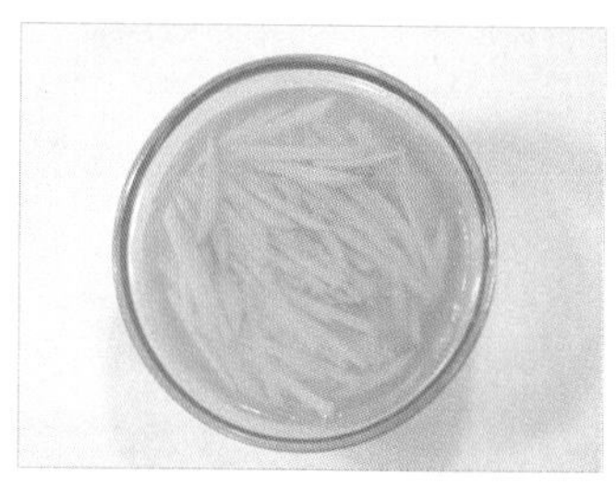

2 채 썬 감자는 찬물에 5분간 담가요.

3 팬에 식용유를 약간 두르고 감자를 볶아요.

4 감자가 다 익으면 부추, 소금, 통깨를 넣고 살짝 볶아요.

고구마순들깨볶음

고구마순은 껍질을 벗기는 일이 조금 수고스럽지만
맛있게 볶으면 씹을수록 고소한 맛이 나오는 신기한 나물이에요.
특히 들기름과 아주 잘 어울리는 재료랍니다.

READY

- 고구마순 2줌
- 소금 약간
- 다진 마늘 약간
- 국간장 ½숟가락
- 들기름 1숟가락
- 멸치 다시마 육수 ⅔컵
- 들깻가루(탈피) 2숟가락

1 고구마순은 껍질을 벗긴 뒤 2등분해요.
껍질을 벗겨야 질기지 않아요.

2 끓는 물에 소금을 약간 넣고 고구마순을 중불에서 7분간 익혀요.

3 익힌 고구마순은 찬물에 헹구고 물기를 꼭 짠 뒤 먹기 좋은 크기로 썰어요.

4 냄비에 고구마순, 다진 마늘, 국간장, 들기름을 넣어 살짝 볶아요.

5 멸치 다시마 육수를 붓고 약불에서 2~3분간 자작하게 지진 뒤 들깻가루를 넣고 뒤섞어요.

고구마볶음

감자볶음은 익숙해도 고구마볶음은
조금 생소하죠?
만드는 방법은 감자볶음과
비슷하지만 맛은 완전히 달라요!
달콤해서 아이들 입맛에 제격이에요.

READY

- 고구마(중) 1개
- 양파 ¼개
- 식용유 약간
- 소금 약간
- 물 1숟가락

밍구's TIP!

볶음 요리를 할 때 고구마처럼 익는 시간이 오래 걸리는 채소는 물을 약간 넣고 익혀주세요. 기름을 적게 쓰고도 충분히 익힐 수 있어요.

1 고구마는 껍질을 벗긴 뒤 채 썰어요.

2 양파도 얇게 채 썰어요.

3 달군 팬에 식용유를 약간 두르고 고구마를 약불에서 2~3분간 볶아요.

4 고구마가 익기 시작하면 양파와 소금을 넣고 살짝 볶다가 분량의 물을 넣어 타지 않게 속까지 익혀요.

단호박 고구마범벅

단호박과 고구마는 서로
비슷한 듯하지만 다른 맛과
식감을 가지고 있어요.
단호박이 자칫 퍽퍽할 수 있는
고구마를 부드럽고 촉촉하게
만들어준답니다.
아이들 간식으로도 아주 좋은
메뉴예요.

READY

- 단호박 ¼개
- 호박고구마(소) 1개
- 우유 3숟가락
- 소금 약간

1 단호박과 호박고구마는 껍질을 벗긴 뒤 찜기에 넣고 중불에서 5분간 쪄요.

2 젓가락이 푹 들어갈 정도로 익었는지 확인해요.

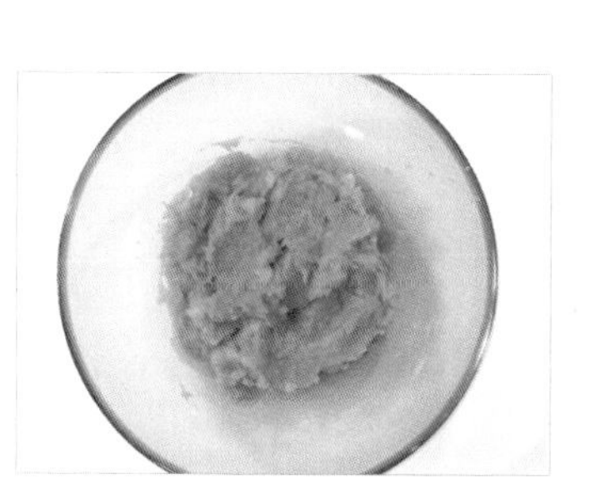

3 넓은 볼에 따듯한 단호박과 고구마를 넣고 으깬 뒤 우유, 소금을 넣고 섞어요.

밍구'S TIP!

- 단호박고구마범벅은 유아식을 시작하기 전 완료기 이유식 간식으로도 좋아요. 다만 우유가 들어가기 때문에 12개월 미만의 아기가 먹는다면 분유로 대체해주세요.
- 단호박과 고구마의 당분이 부족할 경우 올리고당을 약간 넣어주세요.

단호박고구마채전

고구마와 단호박은 같이 먹었을 때 따로 놀지 않고
오히려 서로의 맛을 더욱 좋게 해주는 것 같아요.
얇게 채 썰어 바로 전을 부치면 시간도 단축되고
식감과 맛을 동시에 잡아주지요.
서로 엉겨 붙어야 모양이 유지되기 때문에
채를 얇게 썰어주는 것이 중요해요.

READY

- 채 썬 단호박 1줌
- 채 썬 고구마 1½줌
- 감자전분가루 2숟가락
- 부침가루 1숟가락
- 물 3숟가락
- 식용유 넉넉히

1 단호박과 고구마는 껍질을 벗긴 뒤 최대한 얇게 채 썰어요.

2 넓은 볼에 채 썬 단호박과 고구마, 감자전분가루, 부침가루, 분량의 물을 넣고 섞어요.

3 달군 팬에 식용유를 넉넉히 두르고 반죽을 1숟가락씩 동그랗게 올려요.

4 중불에서 앞뒤로 3분씩 노릇하게 부쳐요.

밍구'S TIP!

감자, 고구마, 단호박전 등 채를 썰어 전을 부치는 경우 두껍게 채를 썰면 속이 잘 익지 않고 서로 잘 붙지 않아서 전을 부치기가 어려워요. 재료를 최대한 얇게 썰어주는 것이 포인트랍니다.

도토리묵무침

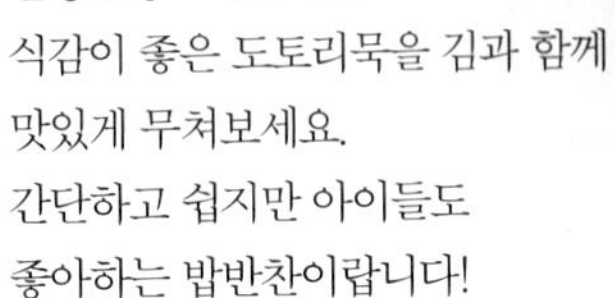

말랑말랑~ 탱글탱글~
식감이 좋은 도토리묵을 김과 함께
맛있게 무쳐보세요.
간단하고 쉽지만 아이들도
좋아하는 밥반찬이랍니다!

READY

- ○ 도토리묵 ½덩이
- ○ 마른 김 3장
- ○ 다진 파 약간
- ○ 소금 약간
- ○ 참기름 ½숟가락
- ○ 통깨 약간

1 도토리묵은 직사각형 모양으로 썰어요.

2 끓는 물에 도토리묵을 30초간 데친 뒤 체에 밭쳐 물기를 빼요.

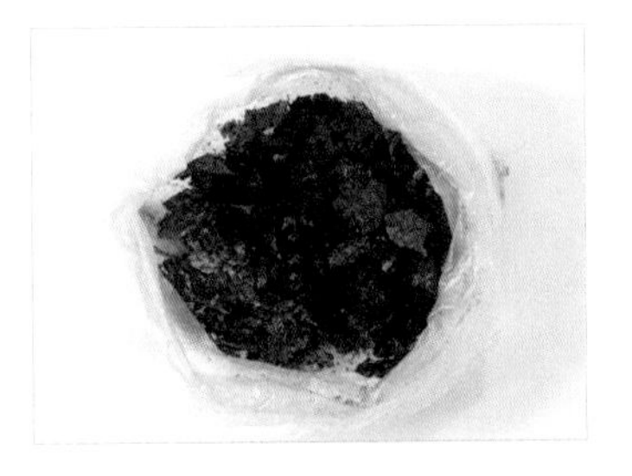

3 마른 김은 가스 불에 앞뒤로 살짝 구운 뒤 위생 봉투에 넣고 잘게 부숴요.

4 넓은 볼에 묵과 김가루, 다진 파, 소금을 넣고 묵이 깨지지 않도록 살살 버무린 뒤 참기름과 통깨를 넣어요.

밍구'S TIP!

- 조미김을 사용할 경우 소금의 양을 줄이거나 빼주세요.
- 묵을 데친 후에는 찬물로 따로 헹구지 않아요. 따듯한 상태에서 간을 해 무쳐야 간이 잘 밴답니다.

채소달걀말이

보들보들한 달걀말이는
우리집 식탁에도 빠질 수 없는
국민 반찬이죠.
영양 가득한 달걀과 냉장고 속
채소들을 마음껏 활용해서
돌돌돌 말아주세요!

READY

- 다진 당근 1숟가락
- 다진 양파 1숟가락
- 다진 부추 1숟가락
- 달걀 4개
- 소금 약간
- 식용유 약간

1 당근, 양파, 부추는 곱게 다져요.

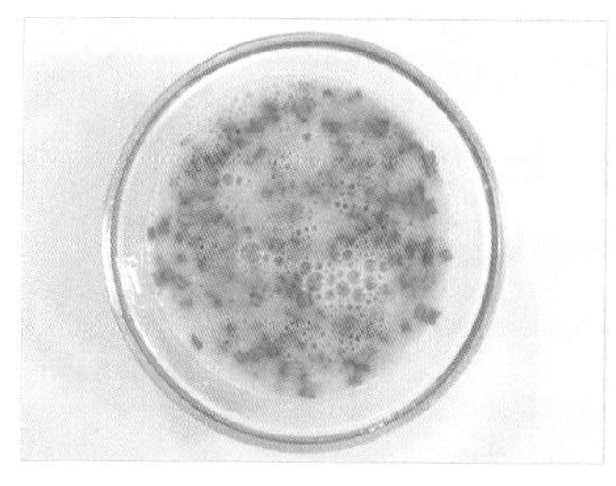

2 달걀은 소금을 넣고 충분히 푼 뒤 다진 채소와 함께 섞어요.

3 달군 팬에 식용유를 약간 두르고 달걀물을 3번에 나눠 부으며 약불에서 돌돌 말아요.

4 완성된 채소달걀말이는 한 김 식힌 뒤 먹기 좋게 잘라요.

채소조림

채소 본연의 맛을
살려주는 조림 요리예요.
맛있는 양념으로 채소를
조린다면 고기나 다른
주재료를 넣지 않아도
아이들이 즐겨 찾는 반찬이
완성돼요.

- 깍둑썰기한 무 2줌
- 깍둑썰기한 당근 ½줌
- 깍둑썰기한 애호박 ½줌
- 깍둑썰기한 파프리카 ½줌
- 다시마 육수 1½컵
- 간장 ½숟가락
- 올리고당 1숟가락

1 무, 당근, 애호박은 작고 네모지게 깍둑썰기하고, 파프리카도 비슷한 크기로 썰어요.

2 냄비에 다시마 육수를 붓고 무, 당근을 넣은 뒤 육수가 끓기 시작하면 약불로 줄여 약 3분간 익혀요.

3 간장과 올리고당을 넣고 무가 완전히 익을 때까지 끓여요.

4 무가 다 익으면 애호박과 파프리카를 넣고 센 불에서 1분간 익혀요.

밍구'S TIP!

- 무와 당근같이 익히는 데 시간이 오래 걸리는 채소를 먼저, 금방 무르는 채소는 나중에 넣어야 깔끔하게 요리할 수 있어요.
- 넉넉히 만들어두었다가 고기 요리나 해산물 요리에 조금씩 곁들여 먹으면 좋아요.

곤약조림

탱글탱글한 식감의 곤약은 무맛이기 때문에
아이들에게 어색할 수 있어요.
하지만 맛있는 양념으로 조리면 아이도 어른도
좋아하는 반찬으로 변신한답니다.
우리 맛있는 양념을 입혀서
곤약을 즐겁게 먹어보자고요!

READY

- 곤약 1봉
- 멸치 다시마 육수 ⅔컵
- 간장 2숟가락
- 다진 마늘 약간
- 올리고당 2숟가락
- 참기름 약간

1 곤약은 흐르는 물에 가볍게 씻은 뒤 작은 주사위 모양으로 썰어요.

2 냄비에 멸치 다시마 육수를 붓고 곤약, 간장, 다진 마늘과 올리고당 1숟가락을 넣어요.

3 육수가 끓기 시작하면 약불에서 5분간 조린 뒤 올리고당 1숟가락을 넣고 센 불에서 확 조린 다음 참기름을 둘러요.

밍구's TIP!

곤약은 아무런 맛이 없는 식재료라 어떻게 요리하느냐에 따라 맛이 달라져요. 칼로리가 낮아 다이어트 식품으로도 손꼽히기 때문에 잘 요리하면 맛있게 먹으며 살을 뺄 수 있어요.

양파볶음

양파는 볶으면 볶을수록 캐러멜 색으로 변하는데 이때 단맛이 확 올라가요.
잘 볶은 양파는 밥반찬으로도 아주 훌륭하죠.
늘 다른 재료를 뒷받침하는 양파이지만 주인공으로 충분하답니다.

READY

- 양파 1개
- 식용유 약간
- 멸치 다시마 육수 3숟가락
- 간장 ½숟가락
- 들기름 약간

1 양파는 굵게 채 썰어요.

2 달군 팬에 식용유를 약간 두르고 양파를 센 불에서 1분간 볶아요.

3 멸치 다시마 육수와 간장을 넣고 센 불에서 30초간 볶아요.

4 중약불로 줄인 뒤 뚜껑을 덮고 3분간 익혀요.

5 양파가 아삭하게 익으면 들기름을 둘러요.

참나물두부무침

참나물은 쑥갓이나 미나리처럼 자신만의 향을 가지고 있는 녀석이에요.
향이 독특한 나물을 아이에게 먹일 때는 그대로 요리하는 것보다
두부를 활용해서 향을 조금 죽이는 것이 좋아요.

READY

- 참나물 2줌
- 소금 약간
- 두부 ½모
- 참기름 ⅓숟가락
- 통깨 약간

1 참나물은 시들한 잎을 떼어낸 뒤 찬물에 여러 번 씻어요.

2 끓는 물에 소금을 약간 넣고 참나물을 센 불에 30~40초간 데친 뒤 찬물에 헹구고 물기를 꼭 짜요.

3 두부도 끓는 물에 데쳐요.

4 삶은 참나물은 먹기 좋은 크기로 썰고, 두부는 면보로 물기를 꼭 짜요.

5 넓은 볼에 참나물, 두부, 참기름, 소금 약간, 통깨를 넣고 조물조물 무쳐요.

밍구'S TIP!

참나물 대신 쑥갓 또는 미나리를 사용해도 좋아요.
하지만 시금치는 두부와 궁합이 좋지 않으니 피해주세요.

깻잎순지짐

깻잎순은 우리가 흔히 쌈을 싸먹는 깻잎보다 향이 더욱 진한 것이 특징이에요.
억센 줄기를 떼어내고 깨끗이 손질한 깻잎순을 멸치액젓을 넣고 조리면
감칠맛이 배가 되어 아주 훌륭한 밥반찬이 되지요.

READY

- 깻잎순 5줌
- 소금 약간
- 다진 마늘 약간
- 국간장 ⅔숟가락
- 들기름 2숟가락
- 다시마 육수 1컵
- 멸치액젓 ⅕숟가락

1 깻잎순은 억센 줄기를 제거한 뒤 찬물에 여러 번 헹궈요.

2 끓는 물에 소금을 약간 넣고 손질한 깻잎순을 40초간 데쳐요.

3 데친 깻잎순을 찬물에 헹군 뒤 물기를 꼭 짜요.

4 넓은 볼에 깻잎순, 다진 마늘, 국간장, 들기름 1숟가락을 넣고 조물조물 무쳐요.

5 팬에 들기름 1숟가락을 두르고 무친 깻잎순을 1분간 볶아요.

6 다시마 육수와 멸치액젓을 넣고 중약불에서 2~3분간 뭉근하게 끓여요.

밍구'S TIP!

보통 액젓은 김치에만 넣는다고 생각하는데 잘 사용하면 요리에 감칠맛을 더해주는 좋은 재료가 된답니다.
미역국을 끓일 때나 나물 요리를 할 때 사용해보세요.

애호박 크래미전

애호박은 익히면 단맛이 나요.
특히 전을 부치면 아주 고소하고
달달해서 아이들이 좋아하지요.
여기에 크래미를 잘게 찢어 넣으면
단짠단짠 맛있는 밥반찬이 완성돼요!

READY

- ○ 애호박 ⅓개
- ○ 크래미 5개
- ○ 부침가루 ½컵
- ○ 물 ½컵
- ○ 식용유 약간

밍구's TIP!

부침가루와 크래미에 약간의 간이 되어있기 때문에 따로 소금 간을 하지 않아도 괜찮아요.

1 애호박은 얇게 채 썰고, 크래미는 결대로 찢어요.

2 부침가루와 분량의 물을 섞은 뒤 애호박과 크래미를 넣어 반죽을 만들어요.

3 달군 팬에 식용유를 약간 두르고 동그랗게 반죽을 올려요.

4 중약불에서 앞뒤로 노릇하게 부쳐요.

양배추사과샐러드

사과를 얇게 채 썰어 양배추와
함께 고소하게 버무려보세요.
양배추와 사과가 함께 씹히는 맛이
정말 잘 어울리더라고요.
만드는 방법도 아주 간단하니
꼭 따라해보세요!

1 양배추와 사과는 얇게 채 썰어요.

2 채 썬 양배추는 식초를 약간 탄 찬물에 잠시 담가두었다가 물기를 빼요.

READY

- 채 썬 양배추 1줌
- 채 썬 사과 2줌
- 설탕 ⅓숟가락
- 식초 ½숟가락
- 마요네즈 1½숟가락

3 넓은 볼에 양배추와 사과, 설탕, 식초, 마요네즈를 넣고 버무려요.

밍구'S TIP!

양배추를 식초 탄 물에 담가두면 잎
사이사이를 깨끗하게 씻어낼 수 있어요.
혹시 모를 농약 성분을 완전히 제거하기 위해
잠시 담가놓은 뒤 사용하는 것이 안전해요.

옛날샐러드

할아버지, 할머니 생신상에 꼭 빠지지 않았던 샐러드.
사과, 귤, 방울토마토, 건포도 등 여러 가지 과일과 달걀
그리고 양배추를 섞어 만든 샐러드는
항상 제일 먼저 손이 갔던 메뉴였어요!
그 기억으로 우리 아이들에게도 가끔씩 만들어주곤 해요.

READY

- 메추리알 10개
- 소금 약간
- 오이 ¼개
- 사과 ⅓개
- 양배추 약간
- 설탕 ⅓숟가락
- 플레인 요구르트 1숟가락
- 마요네즈 1숟가락

1 냄비에 물, 소금 약간, 메추리알을 넣고 물이 끓기 시작하면 중약불에서 5~7분간 삶아요.

삶은 메추리알은 바로 찬물에 담가주세요.

2 오이는 작은 숟가락을 이용해 씨를 제거해요.

3 오이, 사과, 양배추는 적당한 크기로 썰고, 메추리알은 껍질을 까요.

양배추는 식초를 약간 탄 물에 담가둔 뒤 물기를 제거하고 사용해요.

4 넓은 볼에 손질한 재료를 모두 넣고 설탕, 소금 약간, 플레인 요구르트, 마요네즈를 넣어 버무려요.

밍구'S TIP!

메추리알 까는 법

삶은 메추리알은 찬물에 바로 담가 식힌 다음 냄비에 다시 넣어 뚜껑을 덮고 흔들어주세요.
이렇게 하면 껍질에 골고루 금이 가서 흐르는 물에 살살 씻기만 해도 잘 벗겨져요.

표고버섯불고기

표고버섯은 고기 맛이 나는 신기한 버섯이에요.
맛있는 양념과 함께 잘 볶아주면 마치 고기를 먹는 듯한 식감과 맛 덕분에
우리 아이들이 버섯과 친해질 수 있는 좋은 기회가 될 거예요.

READY

- 표고버섯 6개
- 다진 마늘 약간
- 다진 파 약간
- 간장 ½숟가락
- 올리고당 1숟가락
- 참기름 ½숟가락
- 물 5숟가락

1 표고버섯은 밑동을 잘라내 손질한 뒤 얇게 채 썰어요.

2 넓은 볼에 표고버섯과 다진 마늘, 다진 파, 간장, 올리고당을 넣고 조물조물 무쳐요.

3 달군 팬에 참기름을 두르고 표고버섯을 볶다가 분량의 물을 넣고 중불에서 1분간 볶아요.

밍구'S TIP!

표고버섯 손질법

밑동을 잘라낸 뒤 손바닥 위로 탁탁 쳐서 갓 안에 있는 이물질을 털어내고 젖은 헝겊으로 닦거나 흐르는 물에 재빨리 씻어요.

표고버섯 밑동은 깨끗이 씻어서 육수를 낼 때 사용하면 좋아요.

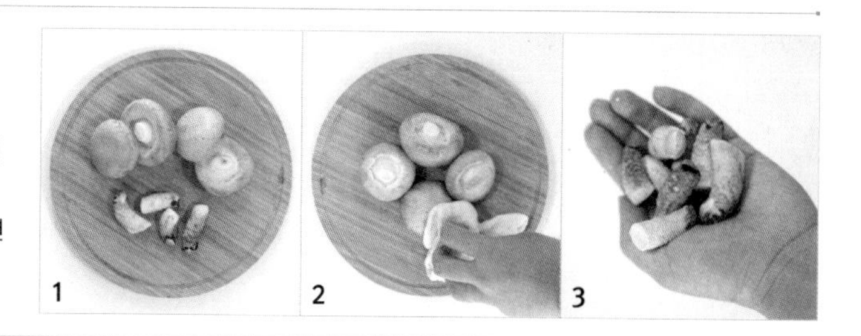

파프리카잡채

피망과 비슷하게 생겼지만 맵지 않고 달큰한 파프리카는
생으로 먹어도 과일처럼 개운하고 맛있어요.
파프리카를 듬뿍 썰어 넣고 당면과 함께 잡채 양념으로 버무려보세요.
이것저것 많이 넣고 만들지 않아서 맛이 깔끔해요.

READY

- ◯ 당면 1줌
- ◯ 파프리카 ½개
- ◯ 식용유 약간
- ◯ 참기름 약간
- ◯ 통깨 약간

잡채 양념

- ◯ 다진 마늘 약간
- ◯ 간장 1½숟가락
- ◯ 올리고당 1숟가락

1 당면은 물에 담가 30분 이상 불려요.

2 파프리카는 씨를 제거한 뒤 얇게 채 썰어요.

3 끓는 물에 불린 당면을 1~2분간 삶은 뒤 체에 밭쳐 물기를 빼요.

4 달군 팬에 식용유를 약간 두르고 파프리카를 센 불에서 1분간 볶아요.

5 불을 끈 뒤 삶은 당면과 **잡채 양념**을 넣어 버무리고 참기름과 통깨를 뿌려요.

두부스테이크

고기가 하나도 들어가지 않았지만
패밀리 레스토랑에서 먹는 맛이 나는
두부스테이크!
평소에 두부를 잘 먹지 않는 아이들에게
두부를 왕창 먹일 수 있는 좋은 메뉴예요!

READY

- ○ 두부(부침용 팩두부) 1모
- ○ 다진 양파 1숟가락
- ○ 다진 파프리카 1숟가락
- ○ 다진 당근 1숟가락
- ○ 다진 파 1숟가락
- ○ 달걀 1개
- ○ 빵가루 2숟가락
- ○ 감자전분가루 1숟가락
- ○ 소금 약간
- ○ 참기름 ½숟가락
- ○ 식용유 약간

1 면보로 두부의 물기를 최대한 제거해요.
두부의 수분을 충분히 제거해야 팬에 구울 때 부서지지 않아요.

2 양파, 파프리카, 당근, 파를 곱게 다져요.

3 마른 팬에 다진 채소를 살짝 볶아 물기를 제거해요.
이 과정을 거치지 않으면 팬에 구울 때 채소에서 수분이 나와 두부가 부서질 수 있어요.

4 넓은 볼에 두부, 볶은 채소, 달걀, 빵가루, 감자전분가루, 소금, 참기름을 넣고 여러 번 치대요.

5 동그랗고 납작하게 모양을 잡아요.

6 달군 팬에 식용유를 약간 두른 뒤 두부 반죽을 올리고 센 불에서 겉을 노릇하게 익힌 다음 약불로 속까지 익혀요.

밍구'S TIP!

- **스테이크소스 만들기**
  ○ 간장 1숟가락 ○ 물 2숟가락 ○ 맛술 1숟가락 ○ 케첩 1숟가락 ○ 올리고당 1숟가락
  작은 팬에 소스 재료를 모두 넣고 소스가 끓기 시작하면 30초~1분간 끓인 뒤 불을 끄고 두부스테이크와 곁들여주세요.
- 넉넉히 만들어두고 냉동 보관해서 하나씩 꺼내 구워먹으면 좋아요.

연두부강된장

된장은 음식 맛을 내는 중요한 재료이지만 한편으로는 염분이 많아 걱정되기도 해요. 그래서 된장에 연두부를 넣고 짜지 않게 만들었어요. 비빔밥이나 갓 지은 밥에 올려 쓱쓱 비벼먹으면 정말 맛있어요.

READY

- 멸치 다시마 육수 1컵
- 된장 ½숟가락
- 연두부 1팩
- 다진 마늘 약간
- 올리고당 ½숟가락
- 참기름 ½숟가락

1 냄비에 멸치 다시마 육수를 붓고 된장을 풀어요.

2 연두부는 큼직하게 토막 내서 넣어요.

3 육수가 끓기 시작하면 다진 마늘과 올리고당을 넣고 중불에서 5~7분간 끓인 뒤 참기름을 둘러요.

브로콜리무침

브로콜리를 들기름에 무치면
브로콜리 잎 사이사이에 고소한
맛이 스며들어 정말 맛있어요.
어린아이들도 먹기 쉽도록
부드럽게 삶아서 만들어주세요.

READY

- ○ 브로콜리 ⅓개
- ○ 소금 약간
- ○ 갈은 깨 약간
- ○ 들기름 ½숟가락

1 브로콜리는 가위로 잘라 떼어낸 뒤 찬물에 잠시 담가두었다가 흐르는 물에 다시 한번 깨끗이 씻어요.

2 끓는 물에 소금을 약간 넣고 브로콜리를 센 불에서 1분간 데쳐요.

3 데친 브로콜리는 찬물에 헹구지 않고 체에 밭쳐 물기를 빼면서 한 김 식힌 뒤 먹기 좋은 크기로 썰어요.

4 넓은 볼에 브로콜리, 소금 약간, 갈은 깨, 들기름을 넣어 조물조물 무쳐요.

밍구'S TIP!

브로콜리가 따듯할 때 소금과 들기름을 넣고 무쳐야 간이 쏙쏙 배어서 더 맛있어요.

묵은지지짐

묵은지는 양념 그대로 매콤하게
지져도 맛있지만 양념을 씻어서
지져도 정말 맛있어요!
매운 김치를 못 먹는 아이에게
김치를 맛있게 먹일 수 있는
방법이기도 해요.

- 묵은지 2줌
- 채 썬 양파 약간
- 어슷썰기한 파 약간
- 들기름 1½숟가락
- 올리고당 1숟가락
- 멸치 다시마 육수 2컵

1 묵은지는 양념을 씻어내고 먹기 좋은 크기로 썬 다음 찬물에 30분간 담가 염분을 제거한 뒤 물기를 꼭 짜요.

2 양파는 짧게 채 썰고, 파는 어슷하게 썰어요.

3 냄비에 묵은지, 들기름 1숟가락, 올리고당을 넣고 조물조물 무친 뒤 1~2분간 볶아요.

4 멸치 다시마 육수, 양파, 파를 넣어 뚜껑을 덮고 약불에서 7~10분간 끓인 뒤 들기름 ½숟가락을 둘러요.

1번 과정에서 염분을 제거하지 않고 만들면 짭짤하고 고소한 밥반찬이 완성돼요. 아주 별미랍니다.

청경채새송이 버섯볶음

청경채는 아삭거리고 수분감이 많아
자주 찾게 되는 채소예요.
쫄깃한 새송이버섯과 함께 볶으면
같이 어우러지는 맛이 재미있어요.

READY

- 청경채 3개
- 새송이버섯 1개
- 식용유 약간
- 다진 마늘 ⅓숟가락
- 간장 1숟가락
- 올리고당 1숟가락
- 참기름 ⅓숟가락
- 통깨 약간

1 청경채는 3등분으로 길게 썰고, 새송이버섯도 비슷한 크기로 썰어요.

2 달군 팬에 식용유를 약간 두르고 다진 마늘을 볶다가 청경채와 버섯을 넣고 센 불에서 1분간 볶아요.

3 간장, 올리고당을 넣고 센 불에서 볶은 뒤 참기름과 통깨를 뿌려요.

밍구'S TIP!

- **청경채 손질법**
  겹겹이 겹쳐진 뿌리 부분에 흙이 묻어있는 경우가 많기 때문에 찬물에 담가 흔들어 여러 번 씻은 뒤 흐르는 물에 전체적으로 씻어주세요.

- **새송이버섯 손질법**
  지저분한 버섯의 밑동은 잘라내고 흐르는 물에 재빨리 씻어요.

토마토 오이샐러드

토마토는 여러 가지 효능이 많아
될 수 있으면 자주 챙겨
먹이려고 하는 식재료예요.
속이 꽉 들어찬 토마토를 오이와
함께 가볍게 버무려 먹으면
산뜻하고 가벼운 맛이 일품이에요.

READY

- 토마토 1개
- 오이 ½개

오리엔탈드레싱

- 올리브오일 ½숟가락
- 간장 ½숟가락
- 식초 1숟가락
- 꿀 1숟가락
- 소금 약간

1 토마토는 먹기 좋은 크기로 썰고, 오이는 씨를 제거한 뒤 얇게 썰어요.

2 올리브오일이 분리되지 않도록 **오리엔탈드레싱** 재료를 골고루 섞어요.

3 넓은 볼에 토마토, 오이, 오리엔탈드레싱을 넣고 가볍게 뒤섞어요.

세발나물무침

변비와 골다공증 예방 등에 효능이
있어 성장기 아이들에게 아주 좋은
세발나물은 아삭한 식감이
참 매력적인 채소랍니다.

READY

- ○ 세발나물 3줌
- ○ 소금 약간
- ○ 참기름 약간
- ○ 통깨 약간

밍구'S TIP!

세발나물은 바닷바람을 맞고 자라 약간의
염분이 있는 것이 특징이에요. 소금 대신
된장과 다진 마늘을 약간 넣고 무쳐도
맛있어요.

1 세발나물은 찬물에 깨끗이 씻어요.

2 끓는 물에 소금을 약간 넣고 세발나물을 30초간 데쳐요.

3 데친 세발나물은 찬물에 2~3번 헹구고 물기를 꼭 짠 뒤 먹기 좋은 크기로 썰어요.

4 넓은 볼에 세발나물, 소금 약간, 참기름, 통깨를 넣어 조물조물 무쳐요.

우엉조림

우엉조림은 조리는 시간이 오래 걸리기 때문에
조릴 때 넉넉히 조려놓는 편이에요.
밥반찬으로 곁들여도 좋고 김밥을 만들 때도 요긴해요.
잘 조린 우엉조림 하나면 열 반찬 부럽지 않아요.

READY

- 우엉 2대
- 식초 약간
- 다시마 육수 2½컵
- 설탕 ⅓숟가락
- 간장 3숟가락
- 물엿 3숟가락
- 통깨 약간
- 들기름 1숟가락

1 우엉은 필러를 사용해서 껍질을 벗겨 어슷하게 썬 뒤 얇게 채 썰어요.

2 식초를 약간 탄 물에 채 썬 우엉을 20분간 담가요.
우엉이 갈변하는 것을 방지할 수 있어요.

3 냄비에 다시마 육수를 붓고 우엉, 설탕, 간장, 물엿 2숟가락을 넣고 끓여요.

4 육수가 끓기 시작하면 약불로 줄이고 25분간 조려요.

5 어느 정도 양념이 졸아들면 물엿 1숟가락을 넣고 센 불에서 볶듯이 조린 뒤 통깨와 들기름을 뿌려요.

밍구's TIP!

이렇게 만들어놓은 우엉조림은 반찬은 물론 김밥을 만들 때 단무지 대신 넣어도 좋아요.

우리 아이 좋아하는 영양 만점 고기 반찬

단백질과 철분이 풍부한 고기로 만든 반찬은 언제나 인기 만점이죠.
하지만 씹는 것을 싫어한다거나 고기 특유의 냄새를 싫어하는 등
여러 가지 이유로 고기를 즐겨 먹지 않는 아이들도 더러 있더라고요.
씹고! 뜯고! 맛보고! 즐기는! 고기의 맛을 우리 아이들에게 제대로
알려줄 수 있도록 돼지고기, 소고기, 닭고기 등 여러 가지 고기를 사용해 만든
맛있고 건강에 좋은 요리법을 알려드릴게요.

part
02

소고기무장조림

냉장고에 채워놓으면 아주 든든한 반찬 중
하나가 바로 장조림이에요.
소고기를 무와 함께 폭폭 삶으면
구수한 냄새가 주방에 가득 퍼져요.
짭조름하고 달달한 장조림은
우리 아이의 1등 반찬이에요!

READY

- 소고기 홍두깨살 3토막(450g)

육수 재료

- 무 ½개
- 양파 ¼개
- 대파 1대
- 통후추 약간
- 마늘 5쪽
- 맛술 2숟가락
- 물 6컵

장조림 양념

- 소고기 육수 1½컵
- 간장 1½숟가락
- 올리고당 1½숟가락

1 소고기는 찬물에 30분간 담가 핏물을 빼요.

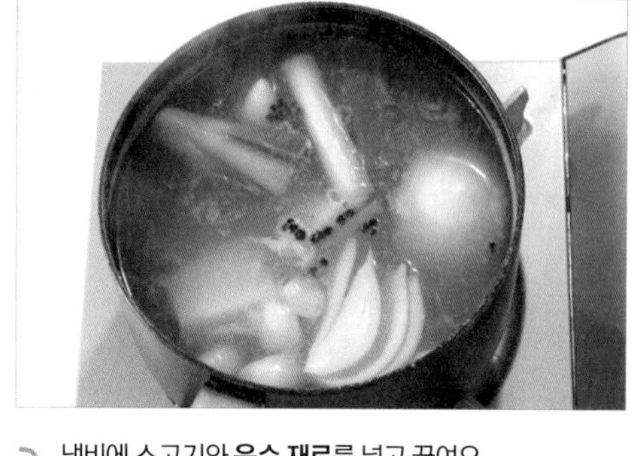

2 냄비에 소고기와 **육수 재료**를 넣고 끓여요.

3 육수가 끓기 시작하면 중약불에서 40분간 삶아요.

4 익은 소고기와 무는 따로 건지고, 소고기 육수는 체나 면보에 걸러요.

나중에 고기를 조릴 때 이 육수를 사용할 거예요.

5 소고기는 한 김 식힌 뒤 결대로 찢어요.

6 냄비에 소고기, 무, **장조림 양념**을 넣고 중불에서 10분간 조려요.

밍구'S TIP!

- 무는 처음부터 잘게 잘라 조리면 무가 부서질 수 있어요. 큼지막하게 넣어 조린 다음 먹을 때 조금씩 잘라 먹여주세요.
- 만들어둔 장조림은 냉장고에 넣어놨다가 먹고 싶을 때 꺼내서 전자레인지에 살짝 돌리면 따듯하고 맛있게 먹을 수 있어요.

소고기피망잡채

피망은 맵다는 인식이 있어서 아이들이 잘 먹지 않는 채소인 것 같아요.
하지만 실제로 그렇게 맵지도 않을뿐더러
오히려 느끼한 맛을 깔끔하게 잡아주는 고마운 재료랍니다.
소고기와 맛있는 양념을 더해 볶으면 얼마나 맛있는지 몰라요.
피망의 편견을 깨주는 반찬이에요!

READY

- ○ 잡채용 소고기 1½줌
- ○ 채 썬 피망 1줌
- ○ 채 썬 양파 1줌
- ○ 식용유 약간

소고기 양념

- ○ 다진 마늘 약간
- ○ 다진 파 약간
- ○ 후춧가루 약간
- ○ 간장 1½숟가락
- ○ 맛술 ½숟가락
- ○ 참기름 ⅓숟가락
- ○ 올리고당 1숟가락

1 잡채용 소고기에 **소고기 양념**을 넣고 10~15분간 숙성시켜요.

2 피망과 양파는 얇게 채 썰어요.

3 달군 팬에 식용유를 약간 두르고 피망과 양파를 센 불에서 40초간 볶아요.

4 양념된 소고기를 넣고 고기가 완전히 익을 때까지 중불에서 3분간 볶아요.

밍구'S TIP!

- 피망을 많이 매워한다면 파프리카로 대체해주세요.
- 밥 위에 얹어서 덮밥으로 먹거나 꽃빵을 곁들여 먹어도 좋아요.

소고기 가지볶음

가지의 물컹한 식감을
싫어하는 아이들이 있어요.
그럴 때 부드러운 소고기 부위를
사용해 가지와 함께 볶아보세요.
가지가 소고기와 잘 어우러져서
평소 가지를 싫어하는 아이라도
잘 먹을 수 있어요.

READY

- ○ 소고기 토시살 1줌 반
- ○ 어슷썰기한 가지 1줌
- ○ 참기름 약간
- ○ 다진 마늘 ⅓숟가락
- ○ 다진 파 ⅓숟가락

고기 양념

- ○ 설탕 ½숟가락
- ○ 간장 2숟가락
- ○ 맛술 1숟가락
- ○ 올리고당 1숟가락
- ○ 소금 약간
- ○ 후춧가루 약간

밍구'S TIP!

아이의 개월 수에 맞게 고기와 가지를 잘라 크기를 조절해서 먹여주세요.

1 소고기에 **고기 양념**을 넣고 15~20분간 숙성시켜요.

2 가지는 반으로 길게 가른 뒤 어슷하게 썰어요.

3 팬에 참기름을 두르고 다진 마늘, 다진 파를 볶다가 소고기를 넣고 달달 볶아요.

4 고기에 핏기가 사라질 때쯤 가지를 넣고 중불에서 2~3분간 볶아요.

닭다리살 스테이크

야들하니 맛있는 닭다리살에
아이들이 좋아하는 달달하고
맛깔스러운 양념을 입혀
구워보아요. 가끔은 소고기 대신
닭고기를 나이프로
쓱쓱 썰어 먹는 것도 매력 있어요!

READY

○ 닭다리살 4덩이
○ 우유 1컵
○ 식용유 약간

스테이크소스

○ 다진 마늘 약간
○ 간장 1숟가락
○ 물 3숟가락
○ 맛술 1숟가락
○ 올리고당 ⅔숟가락

밍구's TIP!

- 닭고기를 우유에 담가두면 잡내가 제거되고 육질이 연해져요.
- 껍질과 함께 구우면 바삭바삭 식감도 좋고 고소한 맛이 나요. 하지만 기름기가 부담스럽다면 껍질을 제거하고 요리해주세요.

1 닭다리살은 차가운 우유에 30분간 담가놓은 뒤 찬물에 헹구고 키친타월로 물기를 제거해요.

2 달군 팬에 식용유를 약간 두르고 센 불에서 닭다리살의 양쪽 겉면을 노릇하게 익힌 뒤 중약불에서 속까지 익혀요.

3 다른 팬에 **스테이크소스**를 넣고 부르르 끓여요.

4 소스가 끓어오르면 익힌 닭다리살을 넣고 소스가 잘 배도록 조려요.

닭가슴살무침

자칫 퍽퍽할 수 있는 닭가슴살을
채소와 함께 버무려 촉촉하게 먹어요.
아이뿐만 아니라 다이어트하는
엄마나 아빠에게도 아주 좋은 요리랍니다.

READY

- ○ 닭가슴살 1덩어리
- ○ 우유 1컵
- ○ 파프리카 ⅕개
- ○ 양파 ⅕개
- ○ 새송이버섯 ¼개
- ○ 식용유 약간
- ○ 소금 약간
- ○ 통깨 ⅓숟가락
- ○ 참기름 ½숟가락

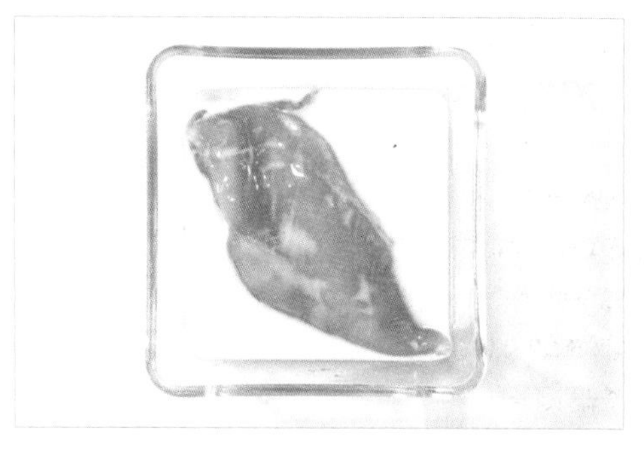

1 닭가슴살은 차가운 우유에 30분간 담근 뒤 찬물에 헹궈요.

차가운 우유에 담가두면 잡내가 제거되고 육질이 연해져요.

2 냄비에 물을 붓고 닭가슴살을 넣은 뒤 중불에서 15분간 삶아요.

3 파프리카, 양파, 새송이버섯은 얇게 채 썰어요.

4 달군 팬에 식용유를 약간 두르고 손질한 채소를 중불에서 1분간 볶아요.

5 삶은 닭가슴살은 한 김 식힌 뒤 결대로 얇게 찢어요.

6 찢은 닭가슴살에 볶은 채소와 소금, 통깨, 참기름을 넣고 조물조물 무쳐요.

무닭조림

조림 요리를 할 때 넣는 무는 가끔 주재료보다 더 주목받기도 해요.
폭폭 조려진 닭고기와 부드럽게 익은 무를 함께 먹으면 참 맛있지요.
의외로 조려진 무가 더 맛있어서 무만 골라 먹을때도 많아요.

READY

- 닭가슴살 2덩어리
- 우유 1컵
- 무 ⅛개
- 마늘 1쪽

양념

- 설탕 ⅓숟가락
- 맛술 1숟가락
- 간장 3숟가락
- 물 1컵
- 올리고당 2숟가락

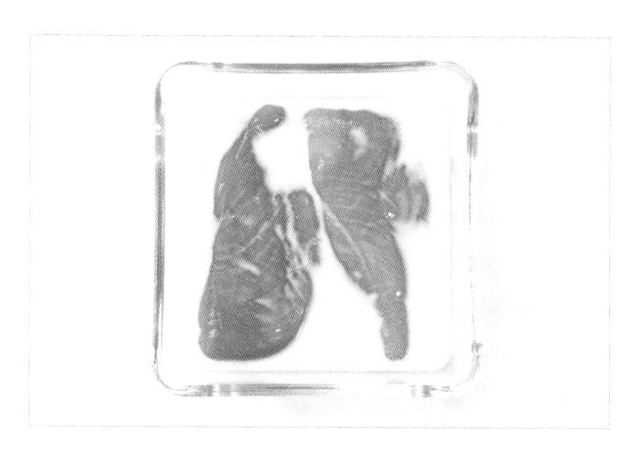

1 닭가슴살을 차가운 우유에 30분간 담근 뒤 찬물에 헹궈요.

차가운 우유에 담가두면 잡내가 제거되고 육질이 연해져요.

2 끓는 물에 닭가슴살을 5분간 익혀요.

3 무는 굵직하게 채 썰고, 익힌 닭가슴살은 결대로 찢어요. 마늘은 칼등으로 가볍게 눌러요.

4 냄비에 손질한 재료, **양념**을 넣고 물이 끓어오르면 중약불에서 5분간 조려요.

중간중간 올라오는 거품은 제거해주세요.

5 국물이 졸아들면 약불로 줄인 뒤 3분 더 조리고 마지막에 센 불에서 30초간 끓여요.

무가 너무 물러지지 않도록 조리는 게 중요해요.

미소닭구이

미소된장은 고기 요리와 은근히 잘 어울려요.
감칠맛을 더해주는 것뿐만 아니라
고기의 누린내도 없애주는 역할을 톡톡히 한답니다.

READY

- 닭안심살 6조각
- 우유 1컵
- 식용유 약간

미소된장소스

- 물 5숟가락
- 미소된장 ⅓숟가락
- 올리고당 1숟가락
- 참기름 약간

1 닭안심살은 우유에 30분 간 담근 뒤 찬물에 헹구고 키친타월로 물기를 제거해요.

차가운 우유에 담가두면 잡내가 제거되고 육질이 연해져요.

2 가로로 칼집을 넣어서 얇게 펴요.

3 **미소된장소스**의 재료를 섞어요.

4 달군 팬에 식용유를 약간 두르고 닭안심살을 중불에서 앞뒤로 노릇하게 구워요.

5 닭안심살이 80% 정도 익으면 미소된장소스를 발라요.

6 앞뒤로 소스를 2~3번 정도 발라가며 약불에서 타지 않게 익혀요.

밍구'S TIP!

- 일반 된장을 사용할 경우 미소된장보다 일반 된장의 향과 염도가 좀 더 강하기 때문에 레시피의 양보다 적게 사용하는 것이 좋아요.

닭안심살 힘줄 제거하기

닭안심살은 부드럽고 식감이 좋아서 어린아이들이 먹기에 좋지만 살 가운데에 있는 힘줄은 미리 제거하는 것이 좋아요. 제거하는 법은 아주 간단해요. 한 손으로 힘줄 끝부분을 잡고 다른 한 손으로는 칼등으로 살을 밀면서 힘 있게 쭉 잡아당겨주세요. 이렇게 하면 살의 모양이 크게 흐트러지지 않으면서 간편하게 힘줄을 제거할 수 있어요.

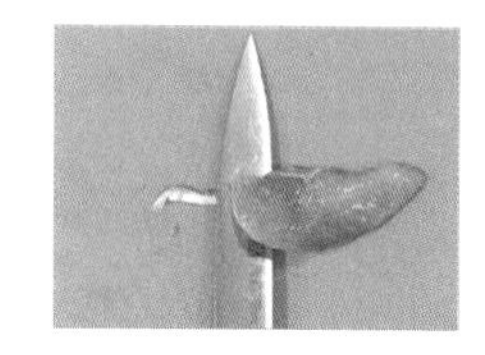

치킨텐더

치킨텐더라고 해서 어려울 것 같지만 막상 만들어보면 아주 간단한 메뉴예요.
넉넉히 만들어 냉동실에 채워놓으면 참 든든해요.
간식으로 밥반찬으로도 인기 만점인 반찬이랍니다.

READY

- 닭안심살 10조각
- 밀가루 ½컵
- 달걀 2개
- 빵가루 5컵
- 식용유 넉넉히

1 닭안심살은 가로로 칼집을 넣어서 얇게 펴요.

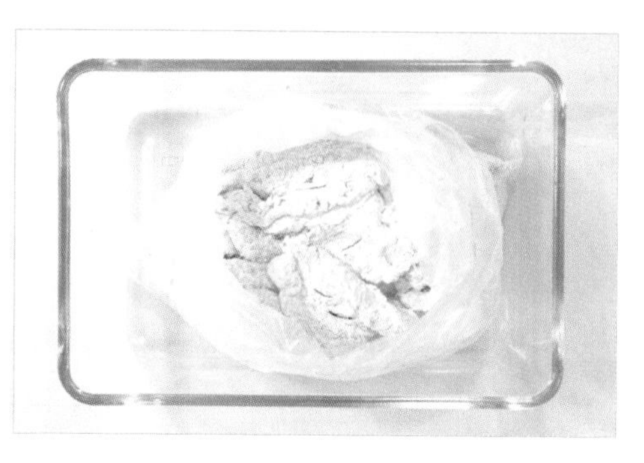

2 위생 봉투에 닭안심살과 밀가루를 넣고 흔들어요.
이렇게 하면 쉽고 깔끔하게 밀가루를 묻힐 수 있어요.

3 달걀은 풀고 빵가루도 미리 준비해요. 밀가루를 묻힌 닭안심살을 달걀-빵가루 순으로 튀김옷을 입혀요.

4 빵가루는 손으로 꾹꾹 눌러가며 묻혀요.
그래야 나중에 튀김옷이 잘 떨어지지 않아요.

5 팬에 식용유를 넉넉히 넣고 예열한 뒤 닭안심살의 겉면을 중불에서 넉넉히 노릇하게 익히고 약불로 줄여 속까지 익혀요.

밍구'S TIP!

빵가루 만들기

○ 식빵 8~10장

식빵을 네모낳게 썰어서 믹서에 갈아요. 이렇게 만든 빵가루는 일반 빵가루보다 수분이 많아요. 그래서 튀겼을 때 겉이 쉽게 타지 않아 속까지 쉽게 잘 익힐 수 있지요. 게다가 더 부드럽고 고소한 맛을 내준답니다.

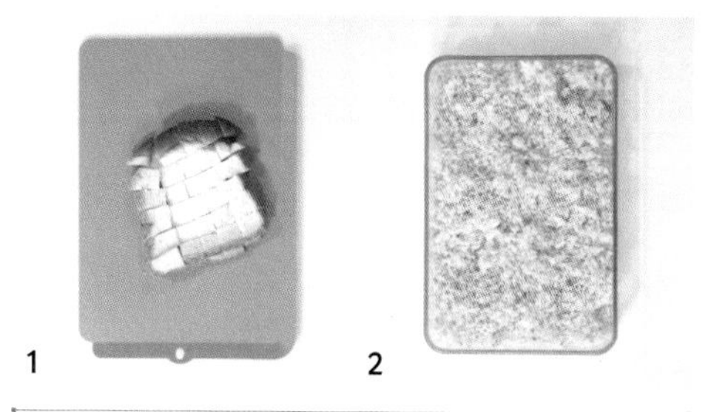

닭안심 오이냉채

사계절 다 어울리지만 특히 더운 여름철에 잘 어울리는 반찬이에요. 어른들도 더우면 입맛이 없어지듯이 우리 아이들도 마찬가지예요. 새콤하고 시원한 요리로 아이 입맛을 돋워주세요.

READY

- ○ 오이 ½개
- ○ 소금 약간
- ○ 양파 ⅙개
- ○ 닭안심살 5조각
- ○ 참기름 약간
- ○ 통깨 약간

초무침 양념

- ○ 설탕 1숟가락
- ○ 식초 2숟가락
- ○ 국간장 ½숟가락

1 오이는 반 갈라 씨를 제거한 뒤 어슷하게 썰어 소금을 뿌려 15분간 절이고, 양파는 얇게 채 썬 뒤 찬물에 담가 매운기를 제거해요.

2 끓는 물에 닭안심살을 넣고 중불에서 15분간 익혀요.

3 절인 오이는 찬물에 헹군 뒤 물기를 꼭 짜고, 양파도 물기를 완전히 빼요. 익힌 닭안심살은 결대로 찢어요.

4 넓은 볼에 오이, 양파, 닭안심살을 넣고 **초무침 양념**을 넣어 조물조물 무친 뒤 참기름과 통깨를 뿌려요.

밍구's TIP!

닭안심살 대신 닭가슴살을 사용해도 좋아요

아기 수육

질 좋은 돼지고기에 된장을 넣고 푹푹 삶아요. 삶는 냄새부터가 구수하니 이미 맛은 보장! 기름기가 너무 많은 것보다는 살코기 위주로 삶아주는 것이 좋아요.

READY

- ○ 양파 ½개
- ○ 파 1대
- ○ 마늘 5쪽
- ○ 물 4~5컵
- ○ 된장 ½숟가락
- ○ 돼지 앞다리살 1덩이(300g)
- ○ 맛술 1숟가락

밍구's TIP!

- 압력 밥솥으로 중불에서 40분 정도 삶으면 더욱 부드러운 수육을 만들 수 있어요.
- 묵은지지짐(064쪽 참고)과 함께 먹으면 맛있어요.

1 양파는 껍질을 벗긴 뒤 큼직하게 썰고, 파도 큼직하게 썰어요. 마늘은 꼭지를 잘라요.

2 냄비에 분량의 물을 붓고 된장을 푼 뒤 돼지고기, 양파, 파, 마늘, 맛술을 넣고 끓여요.

3 중불에서 뚜껑을 덮고 1시간 정도 푹 삶은 뒤 불을 끄고 10분간 뜸을 들여요.

4 고기를 꺼내 한 김 식힌 뒤 얇게 썰어요.

국물돼지불고기

남녀노소 누구나 다 좋아하는 음식이라면 단연 불고기죠!
돼지불고기를 좀 더 촉촉하게 먹을 수 있도록 육수를 더해주었어요.
따듯한 밥 위에 얹어서 덮밥으로 먹거나 당면을 추가해 즐겨도 좋아요.

READY

- ○ 돼지 앞다리살 3줌
- ○ 채 썬 양파 ½줌
- ○ 팽이버섯 1줌
- ○ 실파 약간
- ○ 참기름 1숟가락
- ○ 멸치 다시마 육수 1½컵

불고기 양념

- ○ 배 ⅓개
- ○ 양파 ⅕개
- ○ 설탕 ⅓숟가락
- ○ 다진 마늘 ½숟가락
- ○ 다진 파 1숟가락
- ○ 간장 3숟가락
- ○ 맛술 1숟가락
- ○ 올리고당 1숟가락
- ○ 후춧가루 약간

1 돼지 앞다리살은 키친타월로 가볍게 눌러 핏물을 제거해요.

냉동시킨 고기를 흐르는 물에 가볍게 씻어낸 뒤 키친타월에 눌러 핏기를 제거하면 잡내를 없앨 수 있어요.

2 **불고기 양념**에 들어가는 배와 양파는 껍질을 벗겨 믹서에 갈아요.

3 갈은 배와 양파, 나머지 **불고기 양념**을 모두 섞어 돼지고기에 넣고 조물조물 무쳐요.

4 양념한 돼지고기는 밀폐 용기 또는 지퍼백에 넣고 최소 1시간에서 반나절 정도 숙성시켜요.

지퍼백에 넣어 숙성시키면 양념이 빨리 흡수돼 시간을 단축시킬 수 있어요.

5 고기가 숙성될 동안 양파는 채 썰고, 팽이버섯과 실파도 비슷한 크기로 썰어요.

6 달군 팬에 참기름을 두르고 숙성시킨 고기와 손질한 채소를 볶아요.

7 고기가 80% 정도 익으면 멸치 다시마 육수를 붓고 2~3분간 자작하게 끓여요.

밍구's TIP!

7번 과정에서 불린 당면을 넣고 끓여도 좋아요.
단, 당면을 넣을 땐 육수를 좀 더 넉넉하게 넣어주는 것이 좋아요.

돼지고기부추볶음

돼지고기 요리와 잘 어울리는 재료 중 하나가 바로 부추예요.
부추를 듬뿍 넣고 향긋하게 볶으면 푸짐하고 건강한 요리를 맛볼 수 있어요.

READY

- ○ 채 썬 양파 ½줌
- ○ 부추 2줌
- ○ 돼지 앞다리살 1줌
- ○ 참기름 약간
- ○ 다진 마늘 ⅓숟가락
- ○ 물 1숟가락
- ○ 맛술 1숟가락
- ○ 간장 1숟가락
- ○ 올리고당 1숟가락

1 양파는 채 썰고, 부추는 적당한 크기로 썰어요.

2 돼지 앞다리살은 얇게 썰어요.

3 달군 팬에 참기름을 두르고 다진 마늘과 돼지고기를 볶아요.

4 고기가 90% 정도 익으면 분량의 물, 맛술, 간장, 올리고당을 넣고 중불에서 30초간 볶아요.

5 양파와 부추를 넣고 센 불에서 1분간 볶아요.

콩나물불고기

불고기를 푸짐하게 먹고 싶을 때
콩나물을 듬뿍 넣어서 같이 볶아보세요.
콩나물에서 나오는 시원한 육수와 아삭한 식감이
함께 어우러져 색다른 불고기를 맛볼 수 있어요.

READY

○ 돼지 앞다리살 3줌
○ 콩나물 2줌
○ 참기름 약간
○ 쪽파 약간

불고기 양념

○ 사과 ¼개
○ 양파 ⅙개
○ 설탕 ½숟가락
○ 다진 마늘 ⅓숟가락
○ 다진 파 ⅓숟가락
○ 간장 3숟가락
○ 맛술 1숟가락
○ 올리고당 ½숟가락
○ 후춧가루 약간

엄마 & 아빠도 먹어요!

불고기 양념에 고추장 1숟가락, 고춧가루 3숟가락, 간장 1숟가락, 설탕 약간을 추가해서 무치면 매콤한 콩나물불고기를 만들 수 있어요.

1 돼지 앞다리살은 키친타월로 가볍게 눌러 핏물을 제거해요.

냉동시킨 고기를 흐르는 물에 가볍게 씻어낸 뒤 키친타월에 눌러 핏기를 제거하면 잡내를 없앨 수 있어요.

2 **불고기 양념**에 들어가는 사과와 양파는 껍질을 벗겨 믹서에 갈아요.

3 갈은 사과와 양파, 나머지 **불고기 양념**을 섞어 돼지고기에 넣고 무친 뒤 냉장고에서 반나절 정도 숙성시켜요.

지퍼백에 넣고 숙성시키면 짧은 시간에는 고기 양념이 쏙쏙 잘 배요.

4 콩나물은 깨끗이 씻은 뒤 물기를 빼요.

5 달군 팬에 참기름을 약간 두르고 양념한 불고기를 중불에서 3분간 볶아요.

6 고기가 거의 익으면 콩나물과 쪽파를 넣고 뒤섞어가며 볶아요.

7 콩나물의 숨이 죽으면 완성이에요.

돼지안심찹스테이크

찹스테이크는 휘리릭 볶아내면 되기 때문에
일반 스테이크에 비해 만드는 법이 아주 간단해
고기 굽기에 부담을 가질 필요가 없어요.
보통 소고기로 많이 만들지만 부드러운 돼지 안심을
사용하면 더욱 저렴하면서도 맛있게 만들 수 있어요.

READY

- ○ 돼지 안심 2줌
- ○ 소금 약간
- ○ 후춧가루 약간
- ○ 파프리카(노랑, 빨강) ½개
- ○ 양파 ⅕개
- ○ 식용유 약간
- ○ 다진 마늘 약간

스테이크소스

- ○ 간장 ½숟가락
- ○ 케첩 1숟가락
- ○ 올리고당 ½숟가락
- ○ 물 ⅓컵

1 돼지 안심은 키친타월로 가볍게 눌러 핏기를 제거하고 먹기 좋은 크기로 썬 뒤 소금, 후춧가루로 밑간해요.

2 파프리카와 양파는 작고 네모지게 썰어요.

3 **스테이크소스**의 재료를 섞어요.

4 달군 팬에 식용유를 약간 두르고 다진 마늘을 볶다가 돼지고기를 넣고 볶아요.

5 고기가 갈색빛이 날 때쯤 손질한 채소를 넣고 같이 볶아요.

6 고기가 거의 다 익으면 스테이크소스를 넣고 조려요.

밍구'S TIP!

- 부드러운 식감을 가진 돼지 안심은 어린아이가 먹기에 좋은 부위예요. 장조림이나 돈가스를 만들 때에도 안심을 사용해보세요.
- 파프리카, 양파 대신 냉장고 속 채소를 자유롭게 활용해도 좋아요.

돼지안심탕수육

탕수육을 집에서 만든다고 하면 어렵다고 생각하시는 분이 의외로 많더라고요.
아마도 탕수육소스 맛내기가 어렵다고 생각하셔서 그런 거 같아요.
맛있게 만드는 비율을 알려드릴게요!
이제 집에서 건강하고 푸짐하게 만들어보아요.

READY

○ 돼지 안심 2줌
○ 소금 약간
○ 후춧가루 약간
○ 감자전분가루 ⅓컵
○ 식용유 넉넉히

튀김옷

○ 튀김가루 2컵
○ 감자전분가루 ⅔컵
○ 물 2½컵

1 돼지 안심은 먹기 좋은 크기로 작게 썬 뒤 소금과 후춧가루로 밑간해요.

2 위생 봉투에 안심과 감자전분가루를 넣고 흔들어서 전분가루를 골고루 묻혀요.

3 **튀김옷** 재료를 섞어요.

4 고기에 튀김옷을 골고루 입혀요.

5 약 180도로 예열한 식용유에 고기를 하나씩 떼어 넣고 중불에서 앞뒤로 노릇하게 익힌 뒤 튀김망에 건져 기름을 빼요.

좀 더 바삭한 탕수육을 원한다면 두 번 튀겨주세요. 하지만 어린아이에게는 너무 바삭한 식감보다는 부드러운 식감이 좋아요. 따듯한 소스를 부어서 촉촉하게 만들어주세요.

밍구'S TIP!

탕수육소스 만들기

○ 오이 약간
○ 당근 약간
○ 양파 약간
○ 물 1컵
○ 설탕 2숟가락
○ 식초 5숟가락
○ 올리고당 ½숟가락
○ 간장 1숟가락
○ 케첩 2숟가락
○ 소금 약간
○ 전분물 3~4숟가락 (감자전분가루 1 : 물 3)

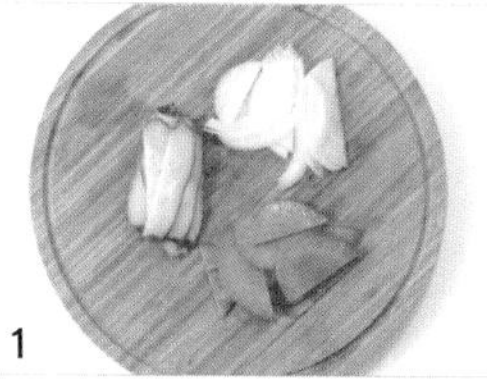

1. 오이와 당근은 반을 갈라 어슷하게 썰고, 양파는 얇게 채 썰어요.
2. 채소와 전분물을 제외한 **탕수육소스**의 재료를 섞어요.
3. 작은 냄비에 소스를 넣고 끓이다가 소스가 끓어오르면 채소를 넣어요.
4. 불을 끄거나 약하게 줄이고 전분물을 넣어 잘 저어가며 농도를 맞춰요.

다진돼지고기떡볶음

저희 아이들은 떡을 참 좋아해요. 떡의 쫄깃쫄깃한 식감이 재미있나 봐요.
방앗간에서 뽑아온 맛있는 쌀떡을 다진 고기와 같이 볶아요.
떡에 착착! 달라붙은 고소한 고기의 조합이 아주 잘 어울려요.

READY

- ○ 다진 돼지고기 1컵
- ○ 소금 약간
- ○ 후춧가루 약간
- ○ 맛술 1숟가락
- ○ 떡볶이떡(쌀떡) 5~7가닥
- ○ 참기름 약간
- ○ 다진 마늘 ⅓숟가락
- ○ 쪽파 약간
- ○ 통깨 약간

양념

- ○ 간장 1숟가락
- ○ 올리고당 ½숟가락
- ○ 물 1숟가락

1 다진 돼지고기에 소금, 후춧가루, 맛술을 넣어 밑간해요.

2 떡은 먹기 좋은 크기로 썰고 끓는 물에 데쳐요.

3 달군 팬에 참기름을 약간 두르고 다진 마늘과 밑간한 고기를 볶아요.

4 고기가 갈색빛이 날 때쯤 데친 떡과 **양념**을 넣고 중약불에서 3분간 볶아요.

5 쪽파와 통깨를 뿌려요.

엄마 & 아빠도 먹어요!

양념 재료에 고추장 ½숟가락과 고춧가루 ½숟가락, 다진 청양고추 ½숟가락을 추가하면 매콤한 밥반찬이 완성돼요. 밥과 함께 비벼 먹어보세요!

두부카레

두부를 싫어하는 아이에게 추천하고 싶은 반찬이에요.
보통 우리 아이들 카레 좋아하잖아요!
감자나 당근 대신 두부를 넣어서 카레를 만들어보세요.
두부를 많이 넣어 짜지 않아요.
듬뿍 떠서 밥에 쓱쓱 비벼주면 언제 두부를 싫어했냐는 듯이
밥 한 그릇 뚝딱 비워내는 우리 아이를 볼 수 있어요.

READY

- 다진 돼지고기 2숟가락
- 소금 약간
- 후춧가루 약간
- 두부 ½모
- 다진 양파 2숟가락
- 다진 파 1숟가락
- 식용유 약간
- 맛술 1숟가락
- 카레가루 2숟가락
- 물 ½컵

1 다진 돼지고기에 소금과 후춧가루를 넣어 밑간해요.

2 두부는 네모지게 썰고, 양파와 파는 곱게 다져요.

3 팬에 식용유를 약간 두르고 양파와 파를 볶아요.

4 다진 돼지고기와 맛술을 넣고 센 불에서 고기가 익을 때까지 볶아요.

5 두부를 넣고 중불에서 30초간 볶아요.

6 카레가루와 분량의 물을 넣고 잘 섞어 1분간 끓여요.

밍구's TIP!

평소에 두부를 잘 먹지 않는 아이들에게 굉장히 좋은 반찬이에요. 일반 카레처럼 밥에 비벼서 먹기에도, 밥반찬으로 건져 먹기에도 좋아요.

고기깻잎전

아이들이 언제부턴가 고기를 먹을 때 상추 싸먹는 걸 좋아하더라고요.
그런데 깻잎은 향이 세서 그런지 먹기 힘들어 하는 거 같아요.
그럴 땐 고기와 채소를 깻잎 안에 폭 싸서 달걀물을 묻혀 부쳐주세요.
고기의 육즙이 나오면서 고소한 맛이 배가 되어요.

READY

- ○ 다진 당근 2숟가락
- ○ 다진 양파 2숟가락
- ○ 식용유 넉넉히
- ○ 두부 ¼모
- ○ 다진 소고기 1줌
- ○ 깻잎 10장
- ○ 밀가루 ½컵
- ○ 달걀 2개

고기 양념

- ○ 다진 마늘 약간
- ○ 다진 파 약간
- ○ 소금 약간
- ○ 후춧가루 약간
- ○ 참기름 ½숟가락

1 당근과 양파는 잘게 다져요.

2 달군 팬에 식용유를 약간 두르고 양파와 당근을 볶은 뒤 한 김 식혀요.

3 두부는 면보에 넣고 물기를 꼭 짜요.

4 다진 소고기, 두부, **고기 양념**을 섞고 조물조물 치대요.

5 깻잎 바깥 면에 밀가루를 묻히고 탁탁 털어준 뒤 고기 1숟가락을 올리고 아래-왼쪽-오른쪽 순으로 접어서 삼각형 모양을 만들어요.

밍구'S TIP!

삼각형으로 모양을 내는 것이 번거롭다면 반으로 접어서 부쳐도 괜찮아요.

6 밀가루와 달걀물을 묻혀요.

7 달군 팬에 식용유를 넉넉히 두르고 고기깻잎전을 올린 뒤 약불에서 뒤집어가며 속까지 고루 익혀요.

미트볼토마토조림

동글동글 육즙 가득한 미트볼은 포크로 쏙쏙 찍어먹는 재미가 쏠쏠해요.
여기에 새콤하고 달콤한 토마토소스를 입혀주면
어느새 식탁 위에 있던 미트볼이 사라져있을 거예요.

READY

- 양파 ½개
- 다진 파 1숟가락
- 식용유 넉넉히
- 다진 돼지고기 1½컵
- 다진 소고기 1컵
- 빵가루 ½컵
- 다진 마늘 ½숟가락
- 소금 약간
- 후춧가루 약간

토마토소스

- 완숙 토마토 1개
- 시판 토마토소스 2숟가락
- 올리고당 ⅓숟가락

1 양파와 파는 곱게 다져요.

2 달군 팬에 식용유를 약간 두르고 다진 양파와 파를 넣고 갈색빛이 날 때까지 볶은 뒤 완전히 식혀요.

3 넓은 볼에 다진 돼지고기와 소고기, 볶은 양파와 파, 빵가루, 다진 마늘, 소금, 후춧가루를 넣고 여러 번 치대어 섞어요.

많이 치댈수록 고기가 부서지지 않고 단단하게 뭉쳐져요.

4 동그랗게 빚어 모양을 내요.

5 믹서에 토마토소스에 들어가는 토마토를 토막 내 곱게 갈아요.

6 소스 팬에 간 토마토와 남은 **토마토소스** 재료를 모두 넣고 끓여요.

7 소스를 끓이는 동안 달군 팬에 식용유를 넉넉히 두른 뒤 미트볼을 넣고 굴려가며 익혀요.

미트볼은 토마토소스에 넣고 끓이면서 한 번 더 익힐 거예요. 속이 살짝 덜 익어도 괜찮아요.

8 소스가 끓기 시작하면 미리 익힌 미트볼을 넣고 중불에서 2~3분 조려요.

밍구'S TIP!

미트볼은 넉넉히 만들어두고 밀폐 용기에 담아 냉동 보관한 뒤 필요할 때마다 꺼내어 익혀 먹으면 좋아요.
좀 더 크고 납작하게 만들면 햄버그스테이크로 먹을 수 있어요.

베이컨 양송이버섯볶음

양송이버섯은 식감이 부드러워
버섯의 쫄깃한 식감을 싫어하는
아이들도 맛있게 먹을 수 있어요.
게다가 짭조름한 베이컨과
양송이버섯은 맛의 궁합도 환상!

READY

- 양파 ¼개
- 베이컨 3~4줄
- 양송이버섯 5개
- 식용유 약간

1 양파는 얇게 채 썰고, 베이컨과 양송이버섯도 비슷한 크기로 썰어요.

2 달군 팬에 식용유를 약간 두르고 양파와 베이컨을 볶아요.

3 양송이버섯을 넣고 센 불에서 1분간 볶아요.

밍구'S TIP!

베이컨이 짭짤하기 때문에 따로 간을 하지 않아도 충분해요. 만약 간이 부족하다면 소금으로 맞춰주세요.

베이컨팽이버섯 떡말이

팽이버섯과 떡을 베이컨 안에
쏙 넣어 돌돌돌 말아 구워주세요.
한 입 베어 물면 팽이버섯에서
나오는 육즙이 입안 가득 퍼져요.
쫄깃한 떡의 식감도 맛의 풍미를 더해요.
아이들이 정말 좋아하는
인기 만점 반찬이에요.

READY

- ○ 떡볶이떡(쌀떡) 10개
- ○ 팽이버섯 ½봉
- ○ 베이컨 10줄

1 떡은 끓는 물에 살짝 데친 뒤 찬물에 헹구고, 팽이버섯은 밑동을 잘라내고 찬물에 씻은 뒤 반을 잘라요.

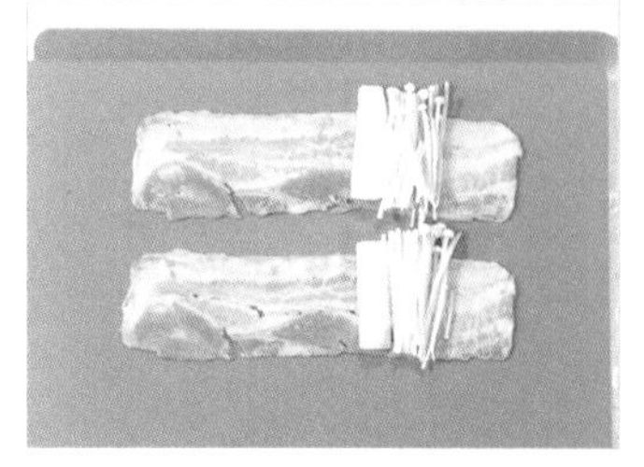

2 베이컨 위에 떡과 팽이버섯을 올리고 돌돌 말아요.

3 달군 팬에 식용유를 두르지 않고 베이컨 말이의 끝부분을 아래로 향하게 올려요.

겹쳐지는 부분을 먼저 구워야 베이컨이 풀리지 않아요.

4 중불에서 노릇하게 돌려가며 구워요.

밍구'S TIP!

- 베이컨에서 나오는 기름은 키친타월로 제거하며 구워주세요.
- 베이컨 자체에서 기름이 많이 나오고 간이 되어있기 때문에 따로 기름을 넣거나 간을 하지 않아도 괜찮아요.
- 아주 어린아이가 먹는다면 베이컨이 짤 수 있으니 베이컨은 반만 사용해서 작은 크기로 만들어주세요.

등갈비찜

아이들은 뼈가 붙어있는 고기를 손에 들고 먹는 걸 좋아하더라고요.
잡고 뜯는 행동 자체를 신기해하고 재미있어하는 거 같아요.
사실 뼈에 붙어있는 고기가 제일 맛있긴 하잖아요.
과일을 넣어서 짜지 않고 부드럽게 양념해 푹 쪄주세요.
특별한 날이나 특히 맛있는 요리를 해주고 싶을 때
한 번씩 만들어주면 갈비를 몇 대나 뜯는지 몰라요.

READY

- 등갈비 20쪽(약 1kg)
- 무 ¼개
- 파 1대
- 물 1½컵

갈비 양념

- 배 ½개
- 양파 ¼개
- 설탕 1숟가락
- 다진 마늘 1숟가락
- 다진 파 2숟가락
- 맛술 2숟가락
- 간장 4숟가락
- 참기름 약간
- 후춧가루 약간

1 등갈비는 뼈와 고기 사이에 칼집을 넣고 찬물에 30분 이상 담가 핏물을 빼요.

칼집을 넣으면 속까지 골고루 익고 간이 잘 배요.

2 끓는 물에 등갈비를 5분간 데친 뒤 찬물에 깨끗이 씻어 불순물을 제거해요.

이 과정에서 잡내와 혹시 남아 있을 수도 있는 뼛가루가 제거돼요.

3 **갈비 양념**에 들어가는 배와 양파의 껍질을 벗겨 믹서에 갈아요.

4 갈은 배와 양파, 나머지 **갈비 양념**을 섞어 데친 등갈비에 넣고 무친 뒤 반나절 정도 숙성시켜요.

5 무와 파는 큼직하게 썰어요.

6 냄비에 숙성시킨 등갈비와 분량의 물을 넣고 뚜껑을 닫아 중약불에서 30분간 끓여요.

7 무와 파를 넣고 다시 뚜껑을 덮어 약불에서 10분간 끓여요.

밍구's TIP!

등갈비에 칼집을 넣을 때는 뼈와 뼈 사이가 아닌 고기와 뼈 사이에 칼집을 넣어줘야 나중에 살이 잘 발라져서 먹기가 편해요.

떡갈비구이

고기 사이에 버섯을 끼워 진짜 갈비처럼 만들었어요.
맛도 중요하지만 아이들에게는 시각적으로 재미를 주는 것도 중요한 거 같아요.
달달한 양념을 입힌 떡갈비는 고기의 육즙이 더해져 누구나 좋아한답니다.

READY

- 다진 소고기 1½컵
- 다진 돼지고기 ½컵
- 새송이버섯 2개
- 식용유 넉넉히

떡갈비 양념

- 설탕 1숟가락
- 다진 마늘 ⅓숟가락
- 다진 파 1숟가락
- 간장 1½숟가락
- 참기름 1숟가락
- 후춧가루 약간

1 다진 소고기와 다진 돼지고기에 **떡갈비 양념**을 조물조물 섞어 치대요.

많이 치댈수록 버섯에 붙일 때 고기가 떨어지지 않고 잘 붙어요.

2 새송이버섯은 머리 부분을 자른 뒤 3~4등분으로 썰어요.

3 새송이버섯에 양념한 고기를 둘러 꼼꼼히 붙여요.

고기를 두껍지 않게 적당히 붙여야 나중에 구웠을 때 속까지 익힐 수 있어요.

4 달군 팬에 식용유를 넉넉히 두르고 떡갈비를 굴려가며 약불에서 7분간 속까지 골고루 익혀요.

밍구'S TIP!

- 고기에 양념을 했기 때문에 겉만 타고 속이 안 익을 수 있어요. 반드시 약불에서 만들어주세요.
- 남은 떡갈비는 냉동 보관하고, 냉장고에서 해동시킨 뒤 익혀서 먹는 것이 좋아요.
- 새송이버섯 대신 떡볶이떡을 사용해도 맛있어요.
- 새송이버섯을 사용하지 않고 둥글납작하게 만들어도 좋아요.

고기감자전

감자로 전을 만들어 감자전분 특유의 쫄깃쫄깃함을 듬뿍 느껴보아요.
감자의 맛있는 맛만 응축해놓은 전이에요.
여기에 고기를 살짝 올려 깊은 맛을 더해주었어요.
고기와 쫀득한 감자가 같이 씹히는 식감도 너무 잘 어울려요.

READY

- ○ 다진 돼지고기 2숟가락
- ○ 감자 4개
- ○ 소금 약간
- ○ 식용유 넉넉히

고기 양념

- ○ 설탕 약간
- ○ 다진 파 약간
- ○ 간장 ⅓숟가락
- ○ 참기름 약간

1 다진 고기에 **고기 양념**을 넣고 10분간 숙성시켜요.

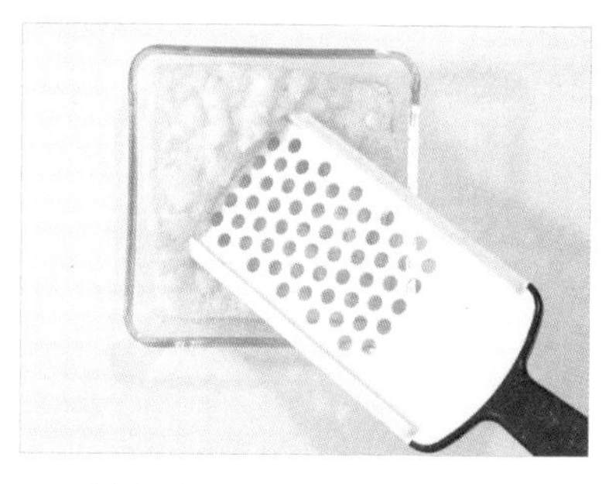

2 감자는 껍질을 벗기고 강판에 갈아요.

3 면보에 감자 건더기를 넣고 살짝 짜요.

감자에서 나온 물은 버리지 말고 따로 받아두세요.

4 감자물을 20~30분간 그대로 놔둬요.

5 위에 있는 물만 살살 따라 버리면 바닥에 감자전분이 남아요.

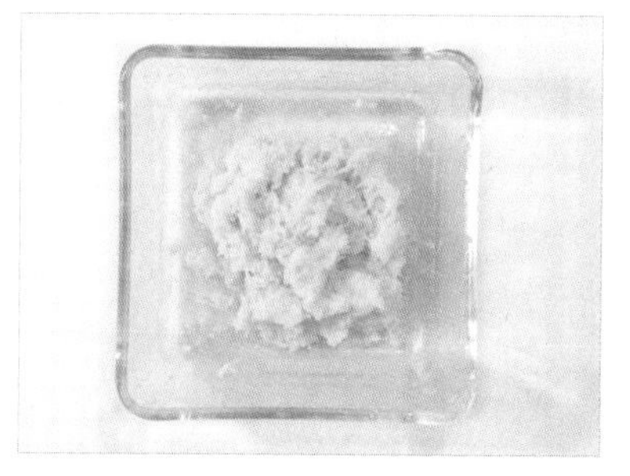

6 감자전분과 감자 건더기, 소금을 넣고 잘 섞어요.

너무 뻑뻑하면 감자물이나 물을 1~2숟가락 정도 넣고 섞어주세요.

7 달군 팬에 식용유를 넉넉히 두르고 감자 반죽을 올린 뒤 그 위에 양념한 고기를 약간씩 올려 앞뒤로 노릇하게 구워주세요.

고기 한쪽 면에 밀가루를 살짝 묻힌 뒤 반죽 위에 올리면 고기가 잘 붙어요.

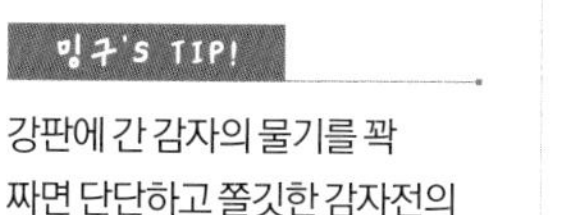

강판에 간 감자의 물기를 꽉 짜면 단단하고 쫄깃한 감자전의 식감이 나고, 약간의 수분을 남겨두면 부드럽고 쫀득한 식감을 즐길 수 있어요.

삼겹살마늘종볶음

기름기가 많은 삼겹살은 마늘종처럼 향이
조금 강한 채소들과 잘 어울려요.
마늘종은 생으로 먹으면 매운 재료이지만
잘 익혀서 맛있게 만들어주면 아이들도
거부감 없이 잘 먹는답니다.

READY

- 삼겹살 2줌
- 마늘종 1줌
- 소금 약간

미소된장소스

- 물 5숟가락
- 맛술 약간
- 미소된장 ¼숟가락
- 올리고당 ½숟가락

1 삼겹살은 먹기 좋은 크기로 잘라요.

2 마늘종은 굵은 마디를 제거하고 삼겹살과 비슷한 크기로 썰어요.

3 끓는 물에 소금을 약간 넣고 마늘종을 30초간 데쳐요.

4 **미소된장소스**의 재료를 섞어요.

5 달군 팬에 식용유를 두르지 않고 삼겹살을 노릇하게 익혀요.

6 삼겹살이 90% 정도 익으면 미소소스와 마늘종을 넣고 센 불에서 40초간 휘리릭 조려요.

밍구's TIP!

삼겹살 대신 목살을 사용해도 좋아요.

우리 아이 입이 즐거운 쫄깃쫄깃 해산물 반찬

쫄깃쫄깃 씹는 맛이 재미있는 해산물!
봄, 여름, 가을, 겨울 계절에 따라 그때그때
제철 해산물로 차려내는 집밥은 그야말로 보약이지요.
해산물 요리는 우선 재료만 신선해도 절반은 성공이에요.
하지만 각양각색인 해산물들을 어떻게 손질하고
요리해야 하는지 몰라 시도하지 못했던 분들을 위해
각각의 해산물에 맞는 레시피와 어렵게만 생각했던 손질법까지
모두 자세하게 설명해드릴게요!

part 03

명란달걀찜

짭조름한 명란이 달걀에 퐁당!
달걀찜은 안에 무엇을 넣느냐에
따라 맛이 각양각색이에요.
명란젓으로 톡톡 터지는 식감이
재미있는 달걀찜을 만들어보아요.

READY

- 달걀 3개
- 다시마 육수 ⅓컵
- 명란젓 1덩이
- 참기름 약간

밍구'S TIP!

- 달걀찜을 찌면서 찜기 뚜껑에 맺히는 물방울들이 달걀물 위로 떨어지면 달걀찜 표면이 울퉁불퉁해져요. 그럴 땐 용기에 랩을 씌워 구멍을 몇 개 뚫은 뒤 익혀보세요. 매끄럽고 부드러운 달걀찜을 만들 수 있어요.
- 명란젓 자체로 이미 짭짤하게 간이 되기 때문에 따로 소금이나 새우젓으로 간을 하지 않아요.

1 달걀은 충분히 풀고 체에 걸러요.

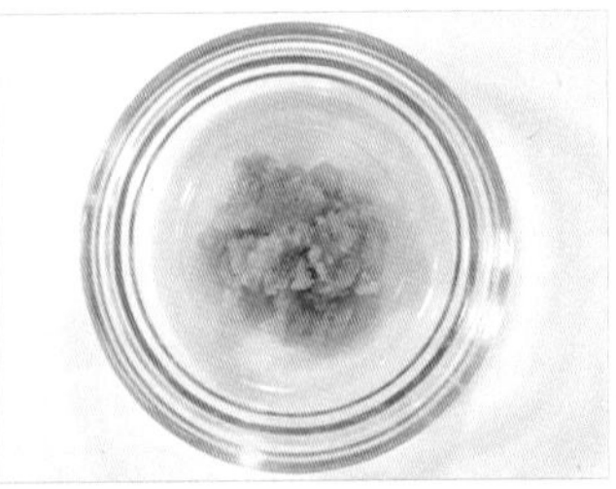

2 명란젓은 양념을 씻어내고 껍질 속 알만 살살 긁어모아요.

3 달걀물에 다시마 육수, 명란젓, 참기름을 넣고 덩어리지지 않도록 섞어요.

4 내열 용기에 달걀물을 넣고 랩을 씌워 포크로 구멍을 뚫은 뒤 찜기에 넣고 뚜껑을 덮어 중불에서 15분간 익혀요.

마늘멸치볶음

마늘은 매워서 아이들이 못 먹는다는
편견을 깨주는 반찬이에요!
마늘을 알맞게 잘 익히면 매운맛은
사라지고 특유의 구수한 맛만 남아요.

READY

- 잔멸치 1컵
- 마늘 8~10쪽
- 식용유 넉넉히
- 올리고당 5숟가락
- 참기름 약간
- 통깨 약간

밍구'S TIP!

- 올리고당이나 물엿을 넣을 때는 불을 끄거나 약불에서 재빨리 볶아야 멸치볶음이 식어도 딱딱해지지 않아요.

1 멸치는 억세지 않은 잔멸치를 사용하고, 마늘은 얇게 썰어요.

2 마른 팬에 멸치를 약불에서 3분간 볶은 뒤 체에 밭쳐 멸치 가루와 불순물을 제거해요.

3 팬에 식용유를 넉넉히 두르고 마늘을 약불에서 노릇하게 볶아요.

4 멸치를 넣고 1분간 달달 볶다가 불을 끈 뒤 올리고당, 참기름, 통깨를 넣고 섞어요.

멸치두부조림

두부를 조릴 때 멸치를 같이 넣어 조려보세요.
두부의 고소한 맛에 멸치의 감칠맛이 더해져
아이들이 좋아하는 밥도둑 반찬이 된답니다.

READY

- 두부 1모
- 송송 썬 실파 1숟가락
- 채 썬 당근 1숟가락
- 채 썬 양파 1숟가락
- 들기름 ½숟가락
- 잔멸치 2숟가락

조림 양념

- 다시마 육수 1컵
- 다진 마늘 ⅓숟가락
- 간장 ⅔숟가락
- 올리고당 ⅓숟가락

1 두부는 직사각형 모양으로 썰고, 실파는 송송 썰어요. 당근과 양파는 얇게 채 썰어요.

2 달군 팬에 들기름을 두르고 중불에서 두부를 앞뒤로 3분씩 구워요.

기름에 구우면 조릴 때 두부가 부서지는 것을 방지할 수 있어요.

3 **조림 양념**을 넣은 뒤 손질한 잔멸치를 위에 뿌려요.

4 양념이 끓기 시작하면 양파, 당근, 실파를 넣어요.

5 뚜껑을 덮고 약불에서 7분간 조려요.

엄마 & 아빠도 먹어요!

조림 양념에 고춧가루 1숟가락, 간장 ½숟가락을 추가하고 청양고추 1개, 홍고추 ½개를 썰어 넣고 조리면 매콤한 멸치두부조림으로 먹을 수 있어요.

밍구's TIP!

멸치는 칼슘이 풍부해 성장기 아이들 뼈 성장에 아주 좋아요.

잔멸치 손질법

잔멸치는 마른 팬에 3분간 볶은 뒤 체에 밭쳐 불순물을 제거해주세요.

1

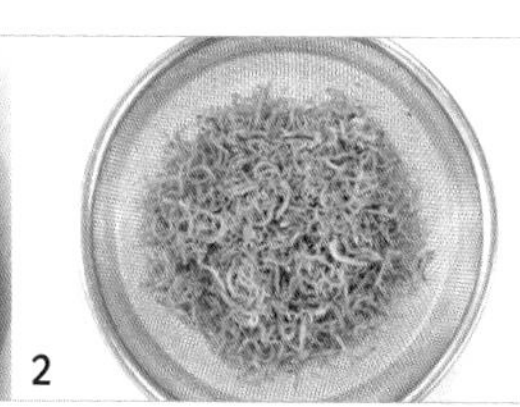

2

파래치즈전

성장기 아이들에게 아주 좋은 식재료인 파래는
제철에 먹을 수 있을 때 부지런히 먹는 것이 좋아요.
고소하게 전을 부쳐서 치즈를 살짝 얹어주세요.
하나 두 개 집어먹다보면 금세 접시가 깨끗해져요.

READY

- 파래 ½덩이
- 부침가루 ⅔컵
- 물 ⅔컵
- 식용유 넉넉히
- 슬라이스 치즈 1장

1 손질한 파래는 가위로 잘게 잘라요.

2 부침가루와 분량의 물을 섞어 반죽을 만든 뒤 파래를 넣고 섞어요.

3 달군 팬에 식용유를 넉넉히 두르고 반죽을 한 숟가락씩 올려 앞뒤로 노릇하게 부쳐요.

4 파래전 위에 슬라이스 치즈를 얹어 녹여요.

밍구's TIP!

살짝 데친 새우나 오징어를 넣고 부쳐도 맛있어요.

파래 손질법

1. 넓은 볼에 파래를 넣고 굵은소금을 뿌린 뒤 거품이 나올 정도로 바락바락 주물러 불순물을 제거해요.
2. 찬물에 여러 번 헹궈내 물기를 꼭 짠 뒤 가위로 먹기 좋게 잘라요.

1

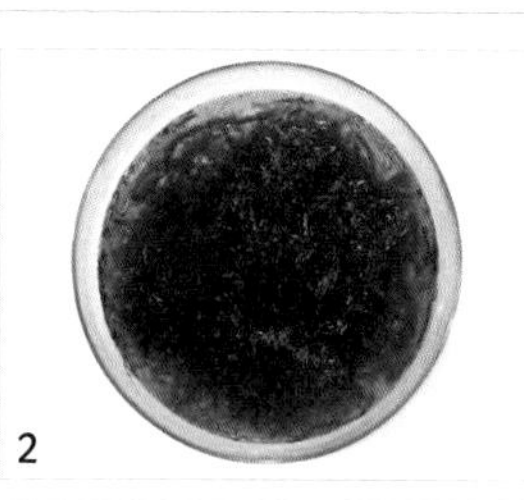

2

파래배무침

새콤하고 달콤한 무침 요리가 은근히 어렵다고
말씀하시는 분들이 많더라고요.
밍구가 알려드리는 무침 양념으로 새콤달콤
향긋한 파래배무침을 만들어보아요!

READY

- 파래 1덩이
- 배 1/6개
- 채 썬 무 1줌
- 소금 약간
- 참기름 약간
- 통깨 약간

무침 양념

- 설탕 2/3숟가락
- 다진 마늘 1/3숟가락
- 다진 파 1/3숟가락
- 국간장 1 1/3숟가락
- 식초 2숟가락
- 올리고당 1숟가락

1 파래는 굵은소금을 뿌려 박박 주물러 불순물을 제거해요.

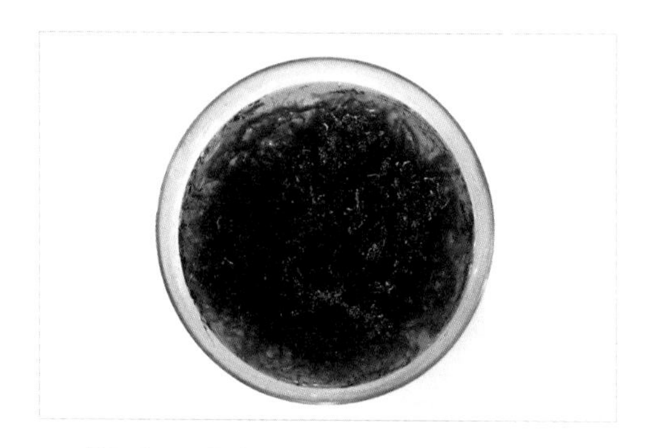

2 찬물에 3~5번 이상 헹군 뒤 물기를 꼭 짜요.

3 가위로 잘게 잘라요.

4 배와 무는 껍질을 벗겨 얇게 채 썰어요.

5 채 썬 무에 소금을 넣어 15분간 절인 뒤 찬물에 헹구고 물기를 꼭 짜요.

6 넓은 볼에 손질한 재료와 **무침 양념**을 넣고 조물조물 무친 뒤 참기름과 통깨를 넣고 살살 버무려요.

밍구'S TIP!

- 파래는 겨울철 보약과도 같은 식재료예요. 칼슘, 칼륨 등 미네랄 성분이 많아 성장기 아이들 뼈 성장에 좋고 빈혈 예방에도 아주 좋아요.
- 파래무침 외에도 파래전, 파래죽, 파래달걀말이 등 다양하게 만들어보세요.

대구전

비린내가 적고 살이 많아서
아이들 반찬에 사용하기 좋은
생선 중 하나가 바로 대구예요.
통통한 대구살에 고소한 달걀물을
묻혀 맛있게 부쳐보세요.
따듯할 때 먹으면 정말 맛있어요!

READY

- 다진 부추 ½숟가락
- 다진 당근 ½숟가락
- 대구살 8조각
- 소금 약간
- 후춧가루 약간
- 달걀 2개
- 밀가루 ½컵
- 식용유 약간

밍구'S TIP!

가시를 제거한 대구살을 사용하지만 혹시 남아있을지도 모르니 꼼꼼하게 확인해서 먹이는 게 좋아요.

1 부추와 당근은 곱게 다져요.

2 대구살은 키친타월로 가볍게 눌러 물기를 제거한 뒤 소금과 후춧가루를 뿌려 밑간해요.

3 달걀을 풀어 다진 부추와 당근을 넣어 섞고 대구살을 밀가루 - 달걀물 순서로 묻혀요.

4 달군 팬에 식용유를 약간 두르고 대구살을 중약불에서 앞뒤로 2~3분씩 노릇하게 부쳐요.

김달걀말이

달걀말이는 냉장고 속 남은 채소를 활용하기에 아주 좋은 반찬이에요. 하지만 채소도 없고 재료가 마땅치 않다면 김 몇 장으로도 충분해요. 김을 넣고 돌돌 말은 달걀말이는 모양도 참 예쁘답니다.

READY

- 달걀 4개
- 소금 약간
- 식용유 약간
- 마른 김 2장

밍구'S TIP!

작은 사이즈의 팬을 사용해서 말아야 적은 양의 달걀로도 도톰하고 예쁜 달걀말이를 만들 수 있어요.

1 달걀에 소금을 넣어 풀어요. 달군 팬에 식용유를 약간 두르고 키친타월로 가볍게 닦은 뒤 달걀물의 ⅓을 먼저 부어요.

2 약불에서 달걀이 익기 시작하면 팬 사이즈에 맞게 자른 김을 올려요.

열로 인해서 김의 크기가 많이 줄어드니 팬 사이즈보다 조금 넉넉하게 잘라서 올려요.

3 달걀물을 붓고 김을 올리는 과정을 두 번 더 반복하며 약불에서 돌돌 말아요.

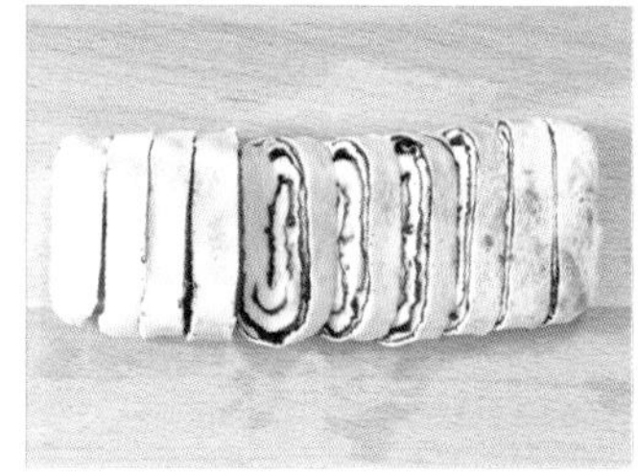

4 완성된 달걀말이는 한 김 식힌 뒤 먹기 좋은 크기로 썰어요.

관자브로콜리볶음

가리비의 가장 맛있는 부위인 관자를
브로콜리와 함께 볶아보세요.
쫄깃한 관자와 부드러운 브로콜리가
참 잘 어울려요.

READY

- 가리비 관자 25~30개
- 청주 1/3숟가락
- 브로콜리 2/3송이
- 소금 약간
- 참기름 약간
- 다진 마늘 약간

1 관자는 청주를 뿌려 잡내를 제거해요.

2 브로콜리는 먹기 좋은 크기로 자른 뒤 찬물에 씻어요.

3 끓는 물에 소금을 약간 넣고 브로콜리를 40초~1분간 데쳐요.

4 삶은 브로콜리는 헹구지 않고 체에 밭쳐 물기를 빼요.

5 달군 팬에 참기름을 두르고 다진 마늘을 볶다가 관자를 넣어 센 불에서 노릇하게 익혀요.

6 브로콜리를 넣고 같이 볶다가 소금을 약간 넣어요.

밍구's TIP!

- 관자는 오래 익히면 질겨지므로 빠르게 조리하는 것이 좋아요.
- 삶은 브로콜리는 찬물에 헹궈 아삭하게 먹어야 맛있지만 어린아이들이 먹는다면 부담스러울 수 있어요. 찬물에 바로 헹구지 않고 따듯한 상태에서 요리하면 부드럽고 간도 잘 밴 유아 반찬을 만들 수 있어요.

게살달걀볶음

부드러운 스크램블드에그에
홍게살을 넣어 재빨리 볶았어요.
고소하고 짭짤해서 궁합이 좋아요.
간단한 달걀 반찬이지만
고급스러운 맛이 나요.

READY

- 홍게살 1줌
- 달걀 4개
- 참기름 약간

1 홍게살은 끓는 물에 10초간 데친 뒤 체에 밭쳐 물기를 빼요.
게살의 염분을 낮추며 불순물을 제거할 수 있어요.

2 달걀은 충분히 풀어요.

3 달군 팬에 참기름을 약간 두르고 달걀물을 넣어 휘휘 저어요.

4 달걀이 익기 시작하면 홍게살을 넣고 섞은 뒤 불을 꺼요.

미역줄기볶음

아이들 대부분 미역은 좋아하지만 미역줄기는 억세서 그런지 즐겨먹지 않는 것 같아요. 알고 보면 정말 맛있는 미역줄기! 부드러운 미역과는 또 다른 씹는 맛의 재미를 우리 아이들에게도 알려주세요!

READY

- 미역줄기 2줌
- 채 썬 양파 ½줌
- 채 썬 당근 약간
- 들기름 2숟가락
- 다진 마늘 ½숟가락
- 맛술 1숟가락
- 간장 1숟가락
- 올리고당 ⅓숟가락

밍구'S TIP!

자칫 미역줄기에서 날 수 있는 비린내를 들기름이 효과적으로 제거해줘요.

1 염장된 미역줄기는 여러 번 씻은 뒤 염분이 빠질 때까지 찬물에 1시간 정도 담가요.

2 양파와 당근은 얇게 채 썰고, 염분을 뺀 미역줄기는 물기를 꼭 짠 뒤 먹기 좋은 크기로 썰어요.

3 팬에 들기름을 두르고 다진 마늘을 약불에서 살짝 볶아요.

4 손질한 미역줄기와 양파, 당근, 맛술을 넣고 중불에서 3분간 볶아요.

5 간장과 올리고당을 넣어 살짝 볶아요.

미역초무침

여름철 입맛 없을 때
새콤한 무침 요리를 먹으면
입맛이 확 돌아요.
새콤달콤한 미역초무침으로
아이들의 입맛을 살려주세요.

READY

- 불린 미역 1½줌
- 양파 ⅙개
- 참기름 ⅓숟가락
- 통깨 약간

초무침 양념

- 설탕 1숟가락
- 다진 마늘 약간
- 식초 2숟가락
- 국간장 1숟가락

1 불린 미역은 먹기 좋은 크기로 썰고, 양파는 얇게 채 썰어요.

2 끓는 물에 미역을 30초간 데친 뒤 찬물에 헹구고 물기를 꼭 짜요.

3 넓은 볼에 미역과 양파, **초무침 양념**을 넣고 조물조물 무친 뒤 참기름과 통깨를 뿌려요.

밍구'S TIP!

미역 손질법

건미역은 찬물에 담가 30분 이상 불려요. 그다음 박박 주물러 씻은 뒤 찬물에 여러 번 헹구고 물기를 꼭 짠 다음 먹기 좋은 크기로 썰어서 사용해요.

명엽채볶음

명엽채는 명태살을 가공한 어포를 말해요. 쥐포보다 훨씬 부드러워서 아이들도 쉽게 먹을 수 있어요. 명엽채볶음은 만드는 방법이 간단해서 엄마들의 시간을 아낄 수 있는 효자 반찬이에요.

READY

- 명엽채 3줌
- 식용유 약간
- 참기름 약간
- 통깨 약간

양념

- 다진 마늘 ⅓숟가락
- 물 1숟가락
- 맛술 2숟가락
- 간장 ⅔숟가락
- 올리고당 ½숟가락

1 명엽채는 먹기 좋은 크기로 잘라요.

2 달군 팬에 식용유를 약간 두르고 명엽채를 중불에서 1분간 볶아요.

3 팬에 **양념**을 넣고 양념이 끓어오르면 볶은 명엽채를 넣고 재빨리 뒤섞어요.

4 불을 끈 뒤 참기름과 통깨를 넣어요.

새우탕수

남녀노소 불문하고 누구나 좋아하는 새우!
특히 그 진가는 튀겼을 때 나타나는 거 같아요.
그냥 바삭하게 튀겨 먹어도 맛있지만 탕수소스를 입혀서
더욱 촉촉하고 새콤달콤하게 먹어요.
주말에 아이들 간식으로 만들어주면 인기 최고!

READY

- 새우 10마리
- 튀김가루 1숟가락
- 식용유 넉넉히

튀김옷

- 튀김가루 1컵
- 물 1컵

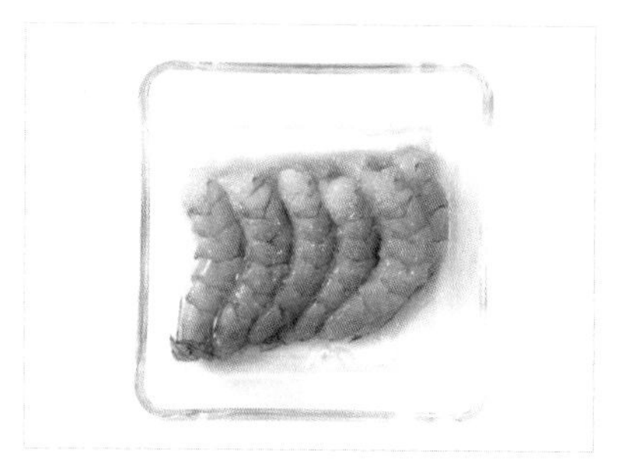

1 새우는 머리와 꼬리, 내장, 껍질을 제거해요.

2 손질한 새우에 튀김가루를 골고루 묻혀요.

밍구'S TIP!

새우 손질법은 새우호박맑은국(186쪽)을 참고해주세요.

3 **튀김옷** 재료를 섞은 뒤 새우에 튀김옷을 골고루 입혀요.

4 약 170~180도로 예열한 식용유에 새우를 넣고 중불에서 속까지 익히며 노릇하게 튀겨요.

밍구'S TIP!

탕수소스 만들기

- 양파 약간
- 파프리카 약간
- 설탕 ½숟가락
- 간장 ½숟가락
- 물 ½컵
- 식초 3숟가락
- 올리고당 1숟가락
- 케첩 1숟가락
- 전분물 1숟가락
  (물 3 : 감자전분가루 1)

1 2

3

1. 양파, 파프리카는 작고 네모지게 썰어요. 오이, 목이버섯, 당근 등 냉장고에 있는 채소를 마음껏 활용해주세요.
2. 팬에 전분물을 제외한 **탕수소스**의 재료를 넣고 끓여요.
3. 소스가 끓어오르면 불을 끄고 전분물을 넣어 농도를 맞춰요.

새우호박볶음

새우와 잘 어울리는 재료 중 하나가 바로 애호박이에요.
새우 자체로도 달큰한 맛이 있지만 애호박도 달달한 맛이 있지요.
그 둘을 합치면 당연히 더 맛있어지겠죠?

READY

- 송송 썬 부추 1숟가락
- 애호박 ⅓개
- 새우 5마리
- 들기름 ½숟가락
- 다진 마늘 약간
- 멸치 다시마 육수 3숟가락
- 새우젓 약간
- 통깨 약간

1 부추는 송송 썰고, 애호박은 부채꼴 모양으로 얇게 썰어요.

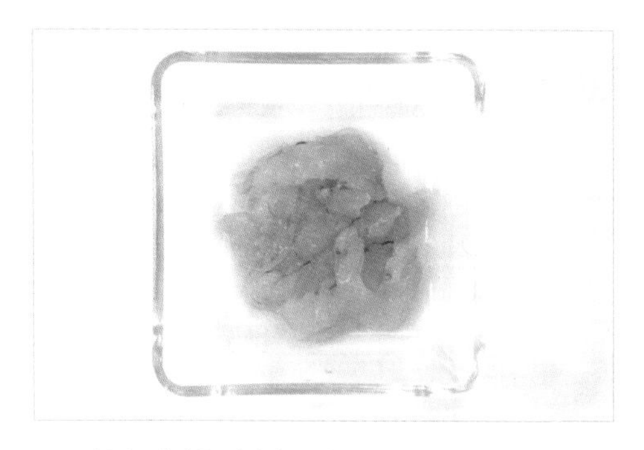

2 새우는 내장을 제거하고 반으로 갈라 2등분해요.

3 달군 팬에 들기름을 두르고 다진 마늘과 새우를 볶아요.

4 새우가 빨갛게 익기 시작하면 애호박을 넣고 살짝 볶다가 멸치 다시마 육수와 새우젓을 넣고 약불에서 1분간 볶아요.

5 부추와 통깨를 넣고 버무려요.

밍구's TIP!

- 새우 손질법은 새우호박맑은국(186쪽)을 참고해주세요.
- 새우와 호박은 궁합이 잘 맞는 음식이에요. 특히 호박볶음을 만들 때 새우젓으로 간을 하면 감칠맛이 나서 훨씬 맛있어요.

삼치 카레구이

삼치는 살이 많고 비린내가 적어서
아이들에게 자주
요리해주는 생선이에요.
싱싱한 삼치는 그냥 구워도
맛있지만 약간의 카레가루를 입혀
구워주면 감칠맛이 더해져요.

READY

- 삼치 ½마리
- 밀가루 3숟가락
- 카레가루 1숟가락
- 식용유 약간

1 삼치는 쌀뜨물에 15~20분간 담근 후 키친타월에 물기를 제거해요.
비린내가 제거돼요.

2 밀가루와 카레가루를 섞은 뒤 삼치의 살 부분에만 묻혀요.

3 달군 팬에 식용유를 약간 두르고 삼치의 껍질 부분부터 구워요.

4 센 불에서 삼치의 양 겉면을 노릇하게 굽고 약불로 줄여 속까지 고루 익혀요.

바지락 부추부침개

소화를 도와주는 부추는 고기뿐만 아니라 해산물과도 잘 어울려요. 반죽보다 부추를 더 많이 넣고 바지락도 아쉽지 않게 듬뿍 넣어요. 부추부침개를 부치면 나는 향긋한 냄새가 참 좋아요.

READY

- 바지락살 1줌
- 부추 2줌
- 부침가루 ⅔컵
- 물 ⅔컵
- 식용유 넉넉히

밍구's TIP!

바지락살이 약간 짭짤하기 때문에 따로 소금 간을 하지 않거나 소량만 넣어도 간이 충분해요.

1 흐르는 물에 바지락살을 흔들어 씻은 뒤 체에 밭쳐 물기를 빼요.

2 부추를 송송 썰어요.

3 넓은 볼에 부침가루와 분량의 물을 넣어 반죽을 만든 뒤 부추, 바지락살을 넣고 섞어요.

4 달군 팬에 식용유를 넉넉히 두르고 얇게 반죽을 올려 중불에서 앞뒤로 3분씩 노릇하게 구워요.

바지락찜

바지락찜은 바지락이 제철일 때 만들면 훨씬 맛있어요.
제철인 바지락은 살이 아주 오동통하고 바지락이 엄청 크거든요.
간단하면서도 감칠맛은 그대로 살려주는 바지락찜!
살을 다 골라먹고 나서 그릇 밑에 남은 바지락 국물이 진국이에요.

READY

- 바지락 2줌
- 올리브유 1숟가락
- 다진 마늘 ⅓숟가락
- 다진 파 ½숟가락
- 맛술 ½숟가락

1 바지락은 살살 비벼 씻은 뒤 소금물에 담가 3시간 이상 해감해요.

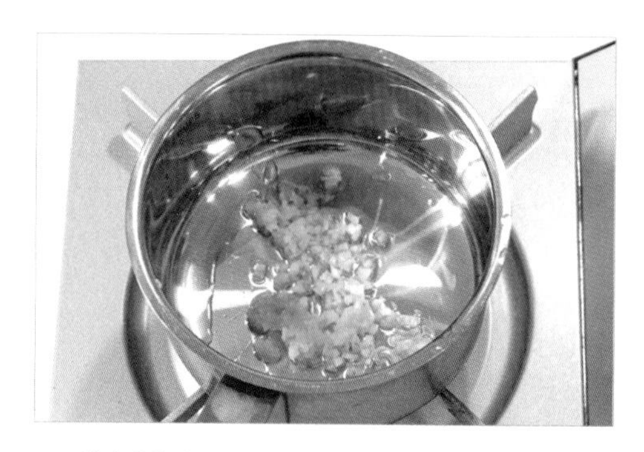

2 냄비에 올리브유를 두르고 다진 마늘과 다진 파를 볶아요.

3 해감한 바지락과 맛술을 넣고 센 불에서 뒤적여요.

4 뚜껑을 덮고 중불에서 1분간 익혀요.

5 바지락이 입을 완전히 벌리면 불을 꺼요.

엄마 & 아빠도 먹어요!

페페론치노 또는 청양고추 약간을 다져서 뿌리면 엄마와 아빠를 위한 매콤한 요리가 완성돼요. 좀 더 넉넉히 만들어서 남은 국물에 파스타면을 말아 먹어도 좋아요.

밍구's TIP!

- 바지락 해감법은 바지락떡볶이(142쪽)를 참고해주세요.
- 바지락이 입을 벌리면 물이 나오기 때문에 따로 물을 넣지 않아도 돼요.
- 바지락은 너무 오래 익히면 살이 질겨지므로 금방 익혀서 먹는 것이 좋아요.

바지락떡볶이

흔히 간장떡볶이는 소고기를 넣고 만들지만
이번엔 실한 바지락살을 발라 넣고 만들었어요.
쫄깃한 떡과 쫄깃한 바지락살이 어우러져
입안이 아주 재미있어요.

READY

- 떡국떡 1줌
- 어묵 2장
- 바지락 1줌
- 멸치 다시마 육수 1½컵
- 송송 썬 파 약간
- 다진 마늘 약간
- 간장 1½숟가락
- 올리고당 1숟가락
- 참기름 약간

1 떡은 찬물에 30분 이상 불려요.

2 어묵은 먹기 좋은 크기로 썰어요.

3 해감한 바지락은 입을 벌릴 때까지 삶은 뒤 찬물에 헹궈요.
소금물에 3시간 이상 담가 해감해요.

4 바지락살만 따로 발라요.

5 끓는 물에 떡과 어묵을 넣고 데쳐요.

6 깊은 팬에 멸치 다시마 육수, 데친 떡과 어묵, 파, 다진 마늘, 간장, 올리고당을 넣어 약불에서 끓이다가 마지막에 바지락살과 참기름을 넣고 섞어요.

밍구'S TIP!

바지락 해감법

봉지 바지락은 해감을 안 해도 되지만 일반 바지락은 꼭 해감을 해야 해요. 소금물에 바지락을 넣고 검은 봉지나 신문지로 덮어 3시간 정도 해감을 하면 조개가 이물질을 뱉어내요. 해감이 끝난 바지락은 살살 비벼 여러 번 씻으면 깨끗하게 모래를 제거할 수 있어요.

아기 오징어볶음

DHA가 풍부한 오징어는 성장기 아이들에게
좋을 뿐만 아니라 어린아이들이 씹는 연습을
하기에도 좋은 식재료예요.
오징어의 껍질을 벗겨서 부드럽게 만들어준 뒤
촘촘히 칼집을 내어 요리하면
우리 아이들도 맛있게 먹을 수 있어요.

READY

- 양배추 1줌
- 채 썬 양파 ½줌
- 쑥갓 ½줌
- 오징어(몸통) 1마리
- 식용유 약간
- 다진 마늘 ⅓숟가락
- 간장 ½숟가락
- 맛술 약간
- 올리고당 ½숟가락
- 참기름 약간
- 통깨 약간

1 양배추는 먹기 좋게 썰고, 양파와 쑥갓도 비슷한 크기로 썰어요.

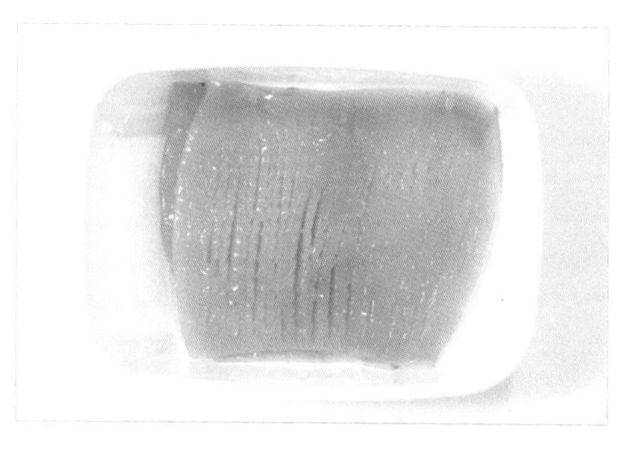

2 오징어 몸통은 껍질을 제거하고 촘촘하게 칼집을 내요.

3 칼집 낸 오징어는 한입 크기로 썰어요.

4 달군 팬에 식용유를 약간 두르고 다진 마늘을 볶다가 양배추와 양파를 넣고 볶아요.

5 채소의 숨이 죽으면 오징어를 넣고 센 불에서 볶아요.

6 오징어가 익기 시작하면 쑥갓, 간장, 맛술, 올리고당을 넣고 센 불에서 30초~1분간 볶은 뒤 참기름과 통깨를 뿌려요.

밍구's TIP!

- 오징어 껍질 벗기는 법은 수제어묵(152쪽)을 참고해주세요.
- 오징어는 너무 오래 익히면 질겨서 아이들이 먹기 불편해요. 꼭 빠르게 휘리릭 만들어주세요.

채소참치

시중에 통조림으로 판매하는 채소참치를
엄마표로 건강하게 만들어보아요.
알록달록 색깔이 예쁜 채소를 넣고 조려
냉장고에 넣어두면 든든해요.

READY

- 참치 통조림(대) 1캔
- 깍뚝썰기한 당근 ½줌
- 깍뚝썰기한 양파 ½줌
- 완두콩 약간
- 식용유 약간
- 다시마 육수 1컵
- 간장 ⅓숟가락
- 맛술 ½숟가락
- 참기름 ½숟가락

1 참치는 체에 밭쳐 기름을 뺀 뒤 뜨거운 물을 여러 번 부어 불순물을 제거해요.

2 당근과 양파는 작게 깍뚝썰기하고, 완두콩은 끓는 물에 살짝 삶아요.

3 냄비에 식용유를 약간 두르고 당근과 양파를 중약불에서 1분간 볶아요.

4 다시마 육수를 붓고 참치와 완두콩, 간장, 맛술을 넣고 끓여요.

5 육수가 끓기 시작하면 뚜껑을 덮고 채소가 부드럽게 익을 때까지 약불에서 5분간 조린 뒤 참기름을 둘러요.

엄마 & 아빠도 먹어요!

4번 과정에서 송송 썬 파 1숟가락, 고추장 1/2숟가락, 올리고당 1/2숟가락을 넣고 조리면 엄마, 아빠가 좋아하는 밥도둑 고추참치 완성!

참치채소전

참치에 채소를 듬뿍듬뿍 다져넣고 전을 부쳐요.
채소를 싫어하는 아이들도 참치의 고소한 맛에 저절로 손이 간답니다.

READY

- 참치 통조림 5숟가락
- 다진 표고버섯 2숟가락
- 다진 양파 1숟가락
- 다진 파 2숟가락
- 부침가루 2숟가락
- 물 3숟가락
- 달걀 1개
- 식용유 넉넉히

엄마 & 아빠도 먹어요!

3번 과정에서 다진 청양고추 2~3숟가락을 넣어 매콤한 참치채소전을 만들어도 맛있어요.

1 참치는 체에 밭쳐 기름을 뺀 뒤 뜨거운 물을 여러 번 부어 불순물을 제거해요.

2 표고버섯과 양파는 잘게 다져요.

3 넓은 볼에 식용유를 제외한 모든 재료를 넣고 섞어요.

4 달군 팬에 식용유를 두르고 한 숟가락씩 떠 올려 앞뒤로 노릇하게 구워요.

연어스테이크

다른 생선보다 기름기가 많은 연어는
고소한 맛이 아주 일품이에요.
연어를 노릇하게 구워 직접 만든
새콤한 타르타르소스를 얹어주세요.
우리 아이의 특별한 날 메뉴로
연어스테이크 어때요?

READY

- 연어 1덩이(약 150g)
- 소금, 후춧가루, 청주 약간
- 올리브유 약간

타르타르소스

- 플레인 요구르트 1숟가락
- 마요네즈 2숟가락
- 식초 ½숟가락
- 올리고당 ⅓숟가락
- 다진 양파 1숟가락
- 다진 피클 1숟가락

1 스테이크용 연어는 소금, 후춧가루, 청주를 넣고 10분간 밑간해요.

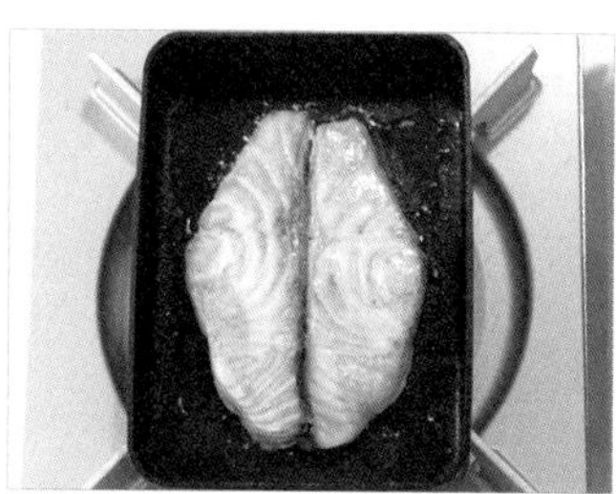

2 달군 팬에 올리브유를 약간 두르고 센 불에서 연어의 양쪽 겉면을 노릇하게 익힌 뒤 약불에서 속까지 익혀요.

3 **타르타르소스**의 재료를 섞은 뒤 스테이크에 곁들여요.

타르타르소스에 들어가는 양파는 찬물에 잠시 담가 매운맛을 제거해주세요.

밍구'S TIP!

만약 아이가 느끼한 맛을 싫어한다면 타르타르소스 대신 데리야끼소스를 만들어 같이 조려주세요. 데리야끼소스 만드는 방법은 연어데리야끼구이(150쪽)를 참고해주세요.

연어데리야끼구이

연어는 기름기가 많아서 고소한 맛이 특징이기도 하지만
오히려 그래서 연어를 즐겨먹지 않는 아이들도 많아요.
그럴 때는 달짝지근한 데리야끼소스를 사용해서 구워보세요.
고소한 연어에 양념이 더해져서 느끼한 맛을 많이 덜어준답니다.

READY

- 다진 양파 1숟가락
- 연어 1덩이(약 150g)
- 올리브유 약간

데리야끼소스

- 다진 마늘 약간
- 간장 ⅔숟가락
- 맛술 ½숟가락
- 물 2숟가락
- 올리고당 1숟가락
- 생강즙 약간

1 양파는 잘게 다져요.

2 연어는 큐브 모양으로 썰어요.

3 **데리야끼소스**의 재료를 섞어요.

4 달군 팬에 올리브유를 약간 두르고 다진 양파와 연어를 센 불에서 1분간 익혀요.

5 연어가 90% 정도 익으면 데리야끼소스를 넣고 센 불에서 30~40초간 조려요.

밍구'S TIP!

연어를 썰지 않고 덩어리째 스테이크로 구워 소스에 조려도 좋아요.

수제어묵

어묵을 만든다고 하면 왠지 어려울 것 같잖아요.
하지만 알고 보면 그다지 어렵지 않아요!
갖가지 해물을 넣고 만든 어묵을 한 입 앙 베어 물면
이처럼 건강하고 맛있는 어묵이 또 없을 거예요.
한 번 만들 때 넉넉히 튀겨두면 아이들 반찬으로
어묵조림도 만들고, 떡볶이에도 넣는 등
여러 가지 요리에 활용할 수 있어요.

READY

- 다진 부추 2숟가락
- 다진 당근 2숟가락
- 다진 양파 ½숟가락
- 오징어(몸통) 1줌
- 새우 1줌
- 대구살 2줌
- 감자전분가루 2숟가락
- 소금 약간
- 후춧가루 약간
- 식용유 넉넉히

1 부추, 당근, 양파는 아주 잘게 다져요.

2 오징어, 새우, 대구살은 작게 썬 뒤 믹서에 갈아요.

3 갈은 해산물에 다진 채소와 감자전분가루, 소금, 후춧가루를 섞어요.

4 약 160~170도로 예열한 식용유에 어묵 반죽을 ½숟가락씩 넣고 약불에서 속까지 익히며 노릇하게 튀겨요.

5 키친타월에 기름을 제거해요.

- 대구살 대신 동태살을 사용해도 괜찮아요.
- 어른이나 큰 어린이가 먹는다면 조금 덜 갈아서 만들어보세요. 중간중간 해물이 씹혀 식감이 좋아요.

밍구's TIP!

새우 손질법은 새우호박맑은국(186쪽)을 참고해주세요.

오징어 껍질 벗기는 법

오징어는 껍질을 벗겨내야 식감이 부드러워져요. 오징어 몸통 끝 부분에 일자로 칼집을 낸 뒤 마른 행주 또는 키친타월을 이용해 끝에서부터 껍질을 잡고 긁어내듯이 벗겨주세요. 이때 물기가 없을수록 마찰력이 생겨 오징어의 껍질이 더욱 잘 벗겨져요.

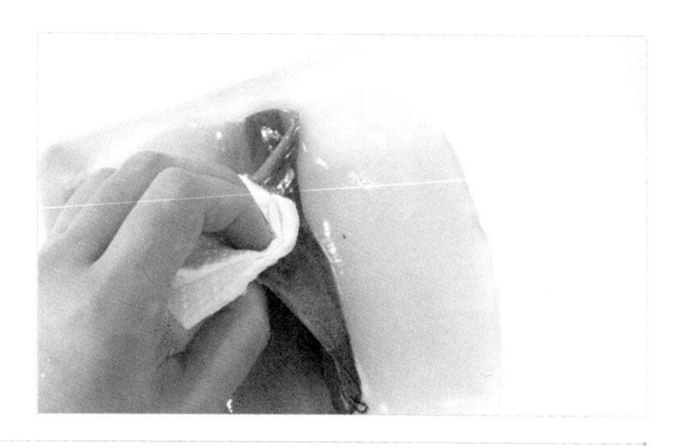

병어조림

병어는 비린내가 적고 담백하고 참 맛있는 생선이에요.
소금을 살짝 뿌려 구워먹어도 좋지만 더 맛깔스러운 양념에 조려서
밥 위에 병어살을 척척 얹어 먹어도 좋아요.
맛있게 우러난 양념으로 밥을 쓱쓱 비벼 먹으면 꿀맛이에요.
밥도둑 중에 밥도둑 병어조림! 한번 만들어볼까요?

READY

- 병어(소) 3마리
- 무 ⅕개
- 송송 썬 파 약간
- 채 썬 양파 ½줌
- 채 썬 당근 ½줌
- 다시마 육수 2컵
- 들기름 1숟가락

조림 양념

- 다진 마늘 ½숟가락
- 다진 파 1숟가락
- 맛술 1숟가락
- 간장 3숟가락
- 올리고당 1½숟가락

1 병어는 지느러미와 꼬리 부분을 잘라내고 칼집을 내요.

2 무는 얇게 썰고, 파는 송송 썰어요. 양파와 당근은 얇게 채 썰어요.

3 **조림 양념**의 재료를 섞어요.

4 냄비에 무를 깔고 다시마 육수를 부어 끓여요.

5 무가 익기 시작하면 병어와 조림 양념의 ⅔를 넣어요.

6 양념이 졸아들기 시작하면 썰어둔 채소와 남은 양념을 넣고 뚜껑을 덮어 중약불에서 10~15분간 조려요.

7 뚜껑을 열고 약불에서 5분 더 조린 뒤 들기름을 둘러요.

밍구'S TIP!

- 병어 대신 가자미나 삼치를 조려도 맛있어요.
- 생선의 가시를 꼼꼼하게 살펴 먹이도록 해요.

해물짜장

짜장은 아이들이 좋아하는 음식 중 한 가지죠!
주로 고기와 채소를 듬뿍 넣고 만들지만 고기 대신
해물을 듬뿍 넣어서 씹는 맛을 살려주었어요.
춘장을 직접 볶아 만들어 더 고소하고
깊은 맛이 난답니다.

READY

- 다진 양배추 2½줌
- 다진 양파 1줌
- 다진 애호박 1줌
- 오징어(몸통) 1줌
- 홍새우살 1줌
- 식용유 넉넉히
- 춘장 2숟가락
- 다진 마늘 ⅓숟가락
- 다진 파 ½숟가락
- 멸치 다시마 육수 또는 물 1컵
- 올리고당 1숟가락
- 전분물 2~3숟가락
  (물 3 : 감자전분가루 1)

1 양배추, 양파, 애호박은 잘게 다져요.

2 오징어는 껍질을 벗긴 뒤 작고 네모지게 썰고, 홍새우살도 준비해요.

3 팬에 식용유와 춘장을 넣고 약불에서 3~5분간 볶은 뒤 기름은 버리고 볶은 춘장만 사용해요.

4 냄비에 식용유를 약간 두르고 다진 마늘과 파를 볶다가 다진 채소를 센 불에서 1분간 볶아요. 채소의 숨이 죽으면 오징어와 홍새우살을 넣고 센 불에서 1분 더 볶아요.

5 멸치 다시마 육수 또는 물을 붓고 볶은 춘장, 올리고당을 넣고 약불에서 채소가 익을 때까지 5분간 끓여요.

6 불을 끄고 전분물을 넣어 걸쭉하게 농도를 맞춰요.

전분물은 미리 섞어두면 전분이 밑으로 가라앉기 때문에 요리에 사용하기 전에 꼭 잘 저어준 뒤 넣어주세요.

밍구's TIP!

- 오징어 껍질 벗기는 법은 수제어묵(152쪽)을 참고해주세요.
- 춘장이 없다면 짜장가루를 사용해도 괜찮아요.

아기 해물찜

왠지 해물찜이라고 하면 매콤하고 칼칼한 맛을 먼저 상상하게 되죠?
아이들도 먹을 수 있도록 매운 양념을 빼고 콩나물을 듬뿍 넣어 맵지 않게 만들었어요.
평소 매운맛을 즐겨먹지 않는 어른들이 먹기에도 손색없는 반찬이에요.

READY

- 양파 1/6개
- 파 약간
- 쑥갓 1/2줌
- 새우 8마리
- 총알오징어 1~2마리
- 콩나물 1½줌
- 전분물 약간 (물 3 : 감자전분가루 1)
- 참기름 1/3숟가락

해물찜 양념

- 물 또는 멸치 다시마 육수 1컵
- 다진 마늘 1/3숟가락
- 미소된장 약간
- 간장 2숟가락
- 맛술 1숟가락

1 양파는 채 썰고, 파는 어슷하게 썰어요. 쑥갓도 비슷한 크기로 썰어요.

2 새우와 총알오징어는 내장과 껍질을 제거한 뒤 먹기 좋은 크기로 썰어요.

3 콩나물은 김이 오른 찜기에 3~5분간 쪄요.

4 냄비에 **해물찜 양념**을 넣고 끓여요.

5 양념이 끓기 시작하면 손질한 해물을 넣고 센 불에서 30초간 익혀요.

6 찐 콩나물과 채소를 넣고 재빨리 뒤섞어요.

7 전분물을 넣어 걸쭉하게 농도를 맞춘 뒤 불을 끄고 참기름을 둘러요.

밍구'S TIP!

- 새우 손질법은 새우호박맑은국(186쪽)을 참고해주세요.
- 총알오징어는 일반 오징어보다 식감이 훨씬 부드러워서 어린아이가 씹기에도 좋아요.
- 찜용 콩나물은 국산이 아닌 중국산이 대부분이기 때문에 일반 곱슬이콩나물을 사용하는 것이 좋아요.

뱅어포볶음

뱅어포는 치어를 말려 가공한 어포로 잔멸치보다 칼슘 함량이 높아서 아이들에게 참 좋은 반찬거리랍니다.
바삭하고 고소하게 볶아 밥반찬 또는 간식으로도 먹여보세요.

READY

- 뱅어포 3장
- 식용유 약간
- 설탕 1숟가락
- 간장 ⅓숟가락
- 올리고당 ½숟가락
- 갈은 깨 약간
- 참기름 약간

1 뱅어포는 네모지게 잘라요.

2 팬에 식용유를 약간 두르고 뱅어포를 중약불에서 1분간 바삭하게 볶아요.

3 설탕, 간장, 올리고당, 갈은 깨, 참기름을 넣고 섞어요.

어묵채볶음

어릴 적 아버지가 만들어주신
메뉴 중 어묵을 채 썰어서
달고 짭조름하게 휘리릭 볶은
어묵채볶음이 참 맛있었던
기억이 나요.
따듯한 밥 위에 채 썬 어묵을
한가득 올려 먹으면 다른 반찬이
필요 없었지요.

READY

- 어묵 2장
- 양파 ½개
- 식용유 약간
- 간장 ½숟가락
- 올리고당 1½숟가락
- 참기름 약간

1 어묵과 양파는 얇게 채 썰어요.

2 달군 팬에 식용유를 두르고 양파를 1분간 볶아요.

3 어묵을 넣고 약불에서 1~2분간 볶다가 올리고당과 간장을 넣어 간을 한 뒤 참기름을 둘러요.

갈릭전복버터구이

전복은 보양식으로 아주 으뜸인 녀석이잖아요.
향이 세지 않고 야들야들하니 아이들에게도 참 좋은 재료예요.
영양 만점인 전복에 마늘소스로 감칠맛을 살려서 맛있게 만들어보아요.

READY

- ○ 전복 5마리
- ○ 버터 ½숟가락
- ○ 다진 마늘 ⅓숟가락
- ○ 올리고당 ⅓숟가락
- ○ 소금 약간

1 전복은 손질한 뒤 얇게 썰어요.

2 달군 팬에 버터를 녹이고 다진 마늘을 약불에서 노릇해질 정도로만 볶아요.

3 전복을 넣고 센 불에서 30초간 볶다가 약불로 줄이고 올리고당과 소금으로 간해요.

전복을 오래 볶으면 질겨서 아이들이 먹기 힘들 수 있어요. 센 불에서 빠르게 볶는 것이 중요해요.

밍구'S TIP!

전복 손질법

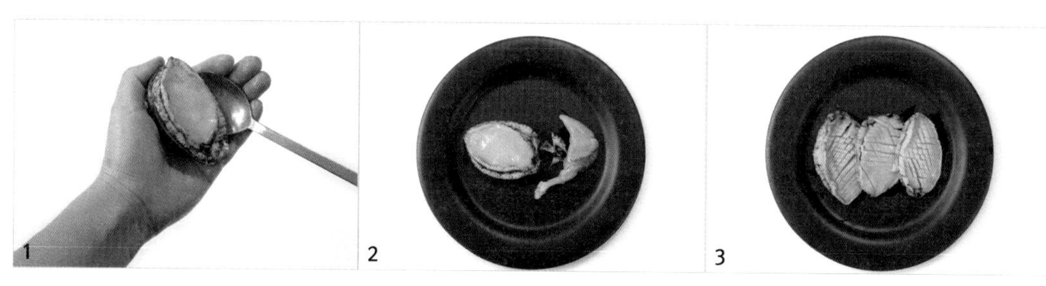

1. 칫솔이나 솔로 지저분한 것을 깨끗이 닦고 숟가락을 이용해 살과 껍질을 분리해요.

껍질 부분이 날카로워서 손을 다칠 수 있으니 주의해요.

2. 전복의 이빨은 칼로 제거하고 내장은 터지지 않도록 가위로 잘라요.

3. 요리에 맞게 칼집을 넣거나 썰어서 사용해요. 바로 먹지 않을 거라면 살만 따로 분리해서 밀폐 용기에 넣고 냉동 보관해요.

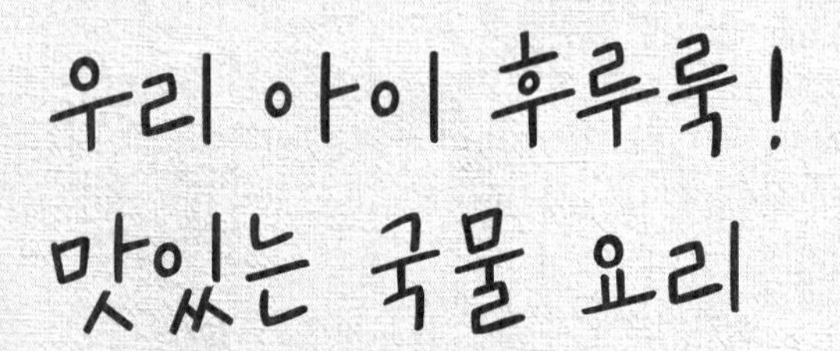

밥을 먹을 때 국이 없으면 왠지 허전한 느낌이 들어요.
특히 유아식을 시작하는 아이들에게 국은 밥을 부드럽게
넘길 수 있도록 도와주는 역할을 하기도 해요.

밥과 함께 후루룩 떠 마시기 좋은 국물 요리!
그러나 밥을 차릴 때마다 오늘은 대체 무슨 국을 끓일까 고민하게 되는데요.
엄마들의 이런 걱정을 덜어드리기 위해 최대한 다양하고
간단하게 만들 수 있는 국과 탕 그리고 찌개 레시피를 준비했어요.

part
04

새우달걀국

휘리릭 빠르게 빠르게
달걀국을 만들어보세요.
여기에 새우 몇 마리만
넣으면 더욱 깊은 맛이 나요.

READY

- 새우 5마리
- 송송 썬 쪽파 약간
- 달걀 2개
- 다시마 육수 3컵
- 국간장 ½숟가락
- 새우젓 ⅓숟가락

새우 손질법은 새우호박맑은국(186쪽)을 참고해주세요.

1 손질한 새우는 얇게 썰고, 쪽파는 송송 썰어요. 달걀은 충분히 풀어요.

2 냄비에 다시마 육수를 붓고 육수가 끓어오르면 국간장, 새우를 넣고 새우가 익을 정도로만 끓여요.

3 새우젓으로 간을 해요.

4 달걀물을 원을 그리며 붓고 숟가락으로 가볍게 저은 뒤 쪽파를 넣어요.

너무 오래 익히면 달걀이 단단해져서 식감이 좋지 않아요.

김달걀국

김을 풀어 국을 끓인다는 것이
조금 생소할 수 있지만 한번 맛보면
아이들이 계속 찾는 중독성 있는
국이랍니다.

READY

- ○ 달걀 2개
- ○ 소금 약간
- ○ 마른 김 2장
- ○ 멸치 다시마 육수 3컵
- ○ 맛술 1숟가락
- ○ 국간장 2숟가락
- ○ 송송 썬 파 약간
- ○ 참기름 약간

밍구'S TIP!

마른 김 대신 조미김을 사용할 경우 국간장의 양을 줄여주세요.

1 달걀에 소금을 약간 넣고 충분히 풀어요.

2 마른 김은 가스 불에 살짝 구운 뒤 위생 봉투에 넣고 잘게 부숴요.

3 냄비에 멸치 다시마 육수를 붓고 육수가 끓기 시작하면 맛술, 국간장을 넣고 달걀물을 원을 그리며 부어요.

달걀물을 넣고 나서 휘휘 젓지 않고 가볍게 저어주세요. 그래야 국물이 탁해지지 않아요.

4 한소끔 끓어오르면 송송 썬 파를 넣은 뒤 김과 참기름을 넣어요.

굴미역국

찬바람 부는 추운 겨울에는 제철 식재료인 바다의 우유, 굴이 딱이지요.
뽀얗게 우러나온 국물이 어찌나 시원한지!
아이와 함께 호로록 호로록 마셔보세요. 국물이 정말 끝내줘요!

READY

- 굴 ⅔컵
- 불린 미역 1줌
- 참기름 ⅓숟가락
- 쌀뜨물 3½컵
- 국간장 1숟가락
- 소금 약간

1 굴은 깨끗이 손질해요.

2 미역은 물에 30분간 불린 뒤 찬물에 주물러 헹구고 물기를 꼭 짜요.

3 냄비에 참기름을 두른 뒤 미역을 1분간 달달 볶아요.

4 쌀뜨물을 붓고 중약불에서 15분간 끓인 뒤 굴을 넣어요.
미역이 부드러워질 때까지 끓인 뒤에 굴을 넣는 게 좋아요.

5 약불에서 10분간 끓인 뒤 국간장과 소금으로 간을 해요.

밍구's TIP!

국이나 찌개를 끓일 때 쌀뜨물로 끓이면 더욱 시원하고 깊은 맛이 나요.

굴 손질법

굴을 민물에 씻으면 비린내가 날 수 있고, 굴 특유의 향과 맛을 헤칠 수 있어요. 소금을 조금 넣은 물에 담가 살이 깨지지 않도록 살살 씻은 뒤 체에 받쳐주세요. 이 과정을 2~3번 반복한 뒤 흐르는 물에 재빨리 헹궈내고 체에 받쳐 물기를 빼면 깨끗하게 손질이 돼요.

바지락미역미소국

미소된장은 간이 세지 않고 향도 강하지 않아서 여러 재료와 참 잘 어울려요.
특히 미역과 함께 국을 끓이면 찰떡궁합이랍니다.
흔히 먹는 미역국에 미소된장을 넣어 새롭고 구수하게 즐겨보아요.

READY

- 불린 미역 1줌
- 바지락 2줌
- 굵은소금 약간
- 들기름 약간
- 멸치 다시마 육수 4컵
- 다진 마늘 약간
- 미소된장 1숟가락

1 미역을 찬물에 30분 이상 불린 뒤 흐르는 물에 주물러 씻은 다음 물기를 빼고 먹기 좋은 크기로 썰어요.

2 바지락은 굵은소금을 뿌려 껍질이 깨지지 않도록 살살 비벼 씻은 뒤 찬물에 여러 번 헹궈요.

3 냄비에 들기름을 약간 넣고 바지락과 미역을 넣어 1분간 달달 볶아요.

4 멸치 다시마 육수를 붓고 중불에서 7~10분간 끓여요.

5 다진 마늘을 넣은 뒤 미소된장을 풀어 간해요.

미역국은 오래 끓일수록 맛있지만 미소된장을 넣고 오래 끓이면 텁텁한 맛이 날 수 있어요. 미소된장은 꼭 마지막에 넣어주세요.

밍구's TIP!

바지락 해감법

봉지 바지락은 해감을 안 해도 되지만 일반 바지락은 꼭 해감을 해야 해요. 소금물에 바지락을 넣고 검은 봉지나 신문지로 덮어 3시간 정도 해감을 하면 조개가 이물질을 뱉어내요. 해감이 끝난 바지락은 살살 비벼 여러 번 씻으면 깨끗하게 모래를 제거할 수 있어요.

두붓국

가끔 맑고 깨끗한 국물이 먹고 싶을 때가 있어요. 부드러운 두부와 새우젓으로 깔끔하게 끓인 국물은 아이들도 어른들도 정말 좋아한답니다.

READY

- 두부 ½모
- 깍뚝썰기한 무 1줌
- 멸치 다시마 육수 3컵
- 송송 썬 파 약간
- 새우젓 약간

1 두부와 무는 깍둑썰기해요.

2 냄비에 멸치 다시마 육수를 붓고 무를 넣어 끓여요.

3 무가 익으면 두부와 송송 썬 파를 넣고 부르르 끓인 뒤 새우젓으로 간해요.

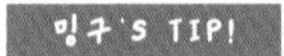

맑은국을 끓일 때 새우젓으로 간을 하면 시원하고 담백해요.

명란순두붓국

명란젓과 두부는 참 잘 어울려요.
짭조름한 명란젓이 두부와 함께
어우러지면 짠맛이 줄어들어
간이 딱 맞거든요.
몽실몽실 순두부와 톡톡 터지는
명란의 식감을 함께 즐길 수 있는
재미있는 국이에요.

READY

- ○ 명란젓 2알
- ○ 애호박 ⅙개
- ○ 채 썬 양파 ½줌
- ○ 멸치 다시마 육수 3컵
- ○ 순두부 1개
- ○ 다진 마늘 약간
- ○ 송송 썬 파 약간
- ○ 새우젓 ⅓숟가락

1 명란젓은 양념을 씻어서 토막내고, 애호박은 부채꼴 모양으로 썰고, 양파는 채 썰어요.

2 냄비에 멸치 다시마 육수를 붓고 육수가 끓기 시작하면 손질한 재료를 넣고 중불에서 1분간 끓여요.

3 순두부를 넣은 뒤 숟가락으로 뚝뚝 자르고 다진 마늘, 송송 썬 파를 넣고 한소끔 끓인 뒤 새우젓으로 간해요.

밍구'S TIP!

- 순두부를 넣은 뒤에는 자주 휘젓지 않는 것이 좋아요. 그래야 맑고 깔끔한 맛을 낼 수 있어요.
- 색소를 사용하지 않은 저염 명란젓을 구입하는 것이 좋아요.

배춧국

배추를 넣고 국을 끓이면 국물이
아주 시원해져요.
더위가 가시고 선선한 바람이
불기 시작하는 가을 날씨와
참 잘 어울리는 국이에요.

1 배추는 깨끗이 씻은 뒤 세로로 반을 가르고 먹기 좋은 크기로 썰어요.

2 냄비에 멸치 다시마 육수를 붓고 된장을 체에 걸러 풀어요.

READY

- 알배추 4장
- 멸치 다시마 육수 3컵
- 된장 1½숟가락
- 국간장 ½숟가락
- 다진 마늘 약간
- 송송 썬 파 약간

3 육수가 끓어오르면 배추를 중약불에서 15분 이상 끓여요.

4 국간장, 다진 마늘, 송송 썬 파를 넣어요.

팽이버섯미소국

짭조름하고 달달한 미소국에
팽이버섯을 쫑쫑 썰어 올려 먹으면
버섯의 은은한 향과 중간 중간
씹히는 그 식감이 너무 좋아요.
과정도 어렵지 않아서 바쁜 아침에도
쉽게 끓일 수 있는 국이에요.

READY

- 팽이버섯 ½봉
- 두부 ¼모
- 멸치 다시마 육수 3컵
- 미소된장 1숟가락
- 쪽파 약간

밍구'S TIP!

일반 된장으로 끓일 때는 미소된장보다
염도가 높으므로 양을 조금 줄여서
넣어주세요.

1 팽이버섯은 뿌리 부분을 자른 뒤 한입 크기로 썰고, 두부는 네모지게 썰어요.

2 냄비에 멸치 다시마 육수를 붓고 미소된장을 풀어요.

3 육수가 끓어오르면 손질한 재료를 넣고 한소끔 끓인 뒤 쪽파를 넣어요.

홍합탕

싱싱한 홍합을 깨끗이 손질해서 찌듯이 익히면
홍합이 입을 벌리며 나오는 국물이 진짜 진국이에요.
뜨끈한 홍합탕 한 그릇으로 마치 바다를 먹은 듯한 느낌이 들어요.

READY

- 홍합 40개
- 마늘 2쪽
- 송송 썬 파 약간
- 물 또는 다시마 육수 2컵

1 홍합은 깨끗이 손질해 씻어요.

2 마늘은 얇게 썰고, 파는 송송 썰어요.

3 냄비에 물 또는 다시마 육수를 붓고 홍합, 마늘, 파를 넣어요.

4 뚜껑을 덮고 센 불에서 물이 끓어오를 때까지 끓여요.

5 홍합이 입을 다 벌리면 불을 끈 뒤 마늘만 따로 건져내고 그릇에 담아요.

아이들이 마늘을 매워할 수 있어요. 미리 건져내요.

엄마 & 아빠도 먹어요!

3번 과정에서 청양고추를 송송 썰어 듬뿍 넣으면 매콤하고 칼칼한 홍합탕을 즐길 수 있어요.

밍구's TIP!

홍합 자체에서 짠맛이 우러나오기 때문에 간을 따로 하지 않아도 되지만 부족하다면 소금으로 해주세요.

홍합 손질법

삐져나와 있는 털(족사)을 뜯어내거나 가위로 잘라서 제거한 뒤 찬물에 홍합끼리 비벼가며 껍질에 붙어있는 이물질을 깨끗이 씻어내요. 홍합 같은 조개류는 특히 손질을 깨끗하게 해야 나중에 요리했을 때 깔끔하고 비린 맛이 나지 않아요.

홍합아욱국

가끔 어렸을 적 할머니가 끓여주신 구수한 된장국이 생각나요.
된장의 구수함을 잘 끌어올려주는 아욱과 감칠맛이 최고인 홍합으로
우리 아이에게도 추억의 맛을 느끼게 해주고 싶어요.

READY

- ○ 아욱 2줌
- ○ 굵은소금 약간
- ○ 두부 ⅓모
- ○ 홍합살 1줌
- ○ 멸치 다시마 육수 4컵
- ○ 된장 2숟가락

1 아욱은 굵은 줄기 부분을 제거한 뒤 굵은소금을 뿌려 바락바락 주물러 찬물에 여러 번 씻어요.

아욱에 굵은소금을 넣어 주물러 씻어주면 아욱 특유의 풋내와 끈적이는 점액질을 제거할 수 있어요.

2 손질한 아욱은 먹기 좋은 크기로 썰고, 두부는 네모지게 썰어요.

3 홍합은 먹기 좋게 살만 떼어내요.

4 냄비에 멸치 다시마 육수를 붓고 된장을 체에 걸러 풀어요.

5 육수가 끓어오르면 아욱과 두부, 홍합살을 모두 넣고 중불에서 5~10분간 끓여요.

들깨감자탕

매일 똑같은 국에 질려한다면 들깻가루를 듬뿍 넣어 탕을 끓여보세요.
똑같은 국도 들깨가 들어가면 맛이 확 달라져요!
고소함이 두 배가 되고 맛에 깊이를 더해준답니다.

READY

- ○ 감자(소) 2개
- ○ 표고버섯 1개
- ○ 양파 ⅕개
- ○ 들기름 약간
- ○ 멸치 다시마 육수 3컵
- ○ 다진 마늘 약간
- ○ 송송 썬 파 약간
- ○ 국간장 1½숟가락
- ○ 들깻가루(탈피) 2숟가락

1 감자는 적당한 크기로 썰고 찬물에 잠시 담가요.
전분기를 제거해야 국물이 탁하지 않고 깔끔해요.

2 표고버섯은 먹기 좋은 크기로 썰고, 양파는 비슷한 길이로 채 썰어요.

3 냄비에 들기름을 약간 두르고 감자를 살짝 볶아요.
감자를 기름에 살짝 볶으면 나중에 감자가 잘 부서지지 않아요.

4 멸치 다시마 육수를 붓고 감자가 80% 정도 익을 때까지 중불에서 5~7분간 끓여요.

5 감자가 익으면 손질한 표고버섯, 양파, 다진 마늘, 송송 썬 파를 넣고 국간장과 들깻가루를 넣어요.

밍구's TIP!

- 표고버섯 손질법은 표고버섯불고기(056쪽)를 참고해주세요.
- 들깻가루를 처음부터 넣고 끓이면 텁텁해지고 쓴맛이 날 수 있으니 꼭 마지막에 넣어주세요.

감자배추된장국

포슬포슬한 감자로 국을 끓여
숟가락 가득 떠올려 먹으면
든든하지요.
하지만 아이들이 먹기에는
약간 퍽퍽할 수 있어요. 그럴 땐
배추를 넣어 같이 끓여보세요.
배추에 수분이 많아 아이들도
부드럽게 먹을 수 있답니다.

READY

- 감자(대) 1개
- 배추 3장
- 참기름 약간
- 다진 마늘 약간
- 멸치 다시마 육수 3컵
- 된장 ⅔숟가락
- 송송 썬 실파 약간

1 감자와 배추는 비슷한 크기로 썰어요.

2 냄비에 참기름을 약간 두르고 다진 마늘, 감자를 넣고 중불에서 1분간 볶아요.

감자를 기름에 살짝 볶으면 나중에 감자가 잘 부서지지 않아요.

3 멸치 다시마 육수를 붓고 된장을 체에 걸러 푼 뒤 육수가 끓기 시작하면 배추를 넣어요.

4 중불에서 감자가 익을 때까지 5분 정도 끓인 뒤 송송 썬 실파를 넣고 1분 더 끓여요.

아기 청국장

청국장은 특유의 향이 있어서
처음 먹는 아이들은 어려워할 수 있어요.
하지만 건강에도 좋고 맛도 좋은
청국장을 우리 아이들이
꼭 먹었으면 좋겠단 말이죠!
청국장의 양을 적게 넣어
냄새가 부담되지 않도록
연하게 시작해보세요.
뭐든지 처음이 가장 중요하니까요.

READY

- ○ 씻은 김치 ½줌
- ○ 무 1줌
- ○ 애호박 ½줌
- ○ 양파 ½줌
- ○ 두부 ⅓모
- ○ 들기름 약간
- ○ 다진 마늘 약간
- ○ 멸치 다시마 육수 2½컵
- ○ 된장 1숟가락
- ○ 청국장 1숟가락
- ○ 송송 썬 파 약간

1 김치는 물에 씻은 뒤 물기를 꼭 짜 채 썰고 무, 애호박, 양파도 비슷한 크기로 썰어요. 두부는 네모지게 썰어요.

2 뚝배기에 들기름을 두르고 다진 마늘과 김치를 넣고 30초간 볶아요.

3 멸치 다시마 육수를 붓고 무와 양파를 넣고 끓여요.

4 육수가 끓으면 된장, 청국장, 애호박, 두부, 송송 썬 파를 넣고 중불에서 5분간 끓여요.

밍구'S TIP!

- 청국장은 고춧가루나 다른 양념이 첨가되지 않은 생청국장을 구입하는 게 좋아요.
- 아이들이 처음에는 청국장의 향을 다소 부담스러워할 수 있어요. 그럴 경우 된장의 양을 청국장의 양보다 늘려서 넣어주세요.
- 2번 과정에서 돼지고기 또는 소고기를 넣고 끓여도 맛있어요.

아기 김치찌개

맵고 빨간 음식의 대표 주자인 김치찌개!
잘 익은 묵은지를 씻어 끓이면 아이들도 좋아하는 김치찌개를 만들 수 있어요.
시원하고 개운한 이 맛에 익숙해지기 시작하면
김치찌개 끓이는 날에는 밥 한 공기 뚝딱 비워낼 거예요.

READY

- 돼지 안심 ½줌
- 묵은지 1줌
- 두부 ¼모
- 양파 ⅕개
- 송송 썬 파 약간
- 참기름 약간
- 다진 마늘 약간
- 멸치 다시마 육수 3컵
- 새우젓 약간

1 돼지 안심은 키친타월로 가볍게 눌러 핏기를 제거한 뒤 한입 크기로 썰고, 묵은지는 찬물에 여러 번 헹궈 양념을 씻어내고 한입 크기로 썰어요.

2 두부는 네모지게 썰고, 양파는 채 썰어요. 파는 송송 썰어요.

3 냄비에 참기름을 약간 두르고 다진 마늘을 살짝 볶다가 돼지 안심과 씻은 묵은지를 넣고 중불에서 3분간 볶아요.

4 멸치 다시마 육수를 붓고 육수가 끓어오르면 중약불에서 7분간 끓여요.

5 두부, 양파, 파를 넣고 한소끔 끓으면 새우젓으로 간을 해요.

시간적 여유가 있다면 약불에서 뭉근히 끓여주는 것이 좋아요.

밍구's TIP!

아직 매운 음식을 먹지 못하는 아이라면 묵은지의 양념은 전부 씻어주세요.
매운 음식을 조금씩 먹기 시작한다면 고춧가루나 양념이 살짝 묻어있는 상태로 끓이거나 4번 과정에서 고춧가루를 약간 넣고 끓여줘도 좋아요.

새우호박맑은국

새우와 호박은 궁합이 좋은 식재료라 어떻게 조리해도 참 맛있어요.
달큰한 새우와 호박으로 국을 끓이면 그 국도 정말 맛있겠죠?
맑고 깔끔하게 끓여서 아이와 함께 먹어봐요.

READY

- 새우 6마리
- 애호박 ⅓개
- 양파 ¼개
- 멸치 다시마 육수 3컵
- 새우젓 ⅓숟가락
- 송송 썬 파 약간

1 깨끗이 손질한 새우는 먹기 좋게 썰고, 애호박은 네모지게 썰어요. 양파는 채 썰어요.

2 냄비에 멸치 다시마 육수를 붓고 육수가 끓어오르면 손질한 재료를 넣어요.

3 중불에서 5분간 끓인 뒤 새우젓을 넣어 간을 해요.

맑은국을 끓일 때 새우젓으로 간을 하면 시원하고 깔끔한 국물 맛을 낼 수 있어요.

4 송송 썬 파를 넣고 1분 더 끓여요.

밍구'S TIP!

새우 손질법

찬물에 깨끗이 씻은 뒤 머리를 떼어내고 새우의 등 쪽 둘째와 셋째 마디를 이쑤시개로 찔러 내장을 빼요. 그다음 껍질과 다리를 벗겨요.
새우는 머리에 내장이 있기 때문에 머리까지 그대로 보관하면 신선도가 떨어져요. 바로 먹는 게 아니라면 머리를 떼어 보관하는 것이 좋아요.
이때 떼어낸 머리는 해물 육수로 사용하거나 튀겨서 먹어도 맛있어요.

새우무챗국

무를 채 썰어 국을 끓이면 무의 식감이 아주 부드러워
숟가락으로 듬뿍 떠먹어도 부담스럽지 않아요.
여기에 새우를 넣어 씹는 맛을 더해주었어요.

READY

- 채 썬 무 2줌
- 홍새우살 1줌
- 청주 ⅓숟가락
- 들기름 ⅓숟가락
- 멸치 다시마 육수 3컵
- 송송 썬 파 약간
- 새우젓 ⅓숟가락

1 무는 얇게 채 썰어요.

2 새우살은 청주를 뿌려 잡내를 제거해요.

3 냄비에 들기름을 두르고 채 썬 무를 30초간 달달 볶아요.

4 멸치 다시마 육수를 넣고 중불에서 5분간 끓이다가 새우살을 넣고 부르르 끓여요.

5 송송 썬 파를 넣고 새우젓으로 간을 해요.

밍구'S TIP!

너무 오래 끓이면 새우가 질겨지고 무가 부서져서 국물이 탁해져요. 알맞게 끓이는 게 중요해요.

콩나물냉국

콩나물은 저렴하고 건강에 좋아 자주 애용하는 효자 식재료예요.
뜨끈하게 끓여서 먹는 콩나물국도 매력 있지만
더운 여름에는 차갑게 냉국으로 만들어서 시원하게 들이켜요!

READY

- 콩나물 2줌
- 다시마 육수 4컵
- 소금 약간
- 국간장 1숟가락
- 송송 썬 쪽파 약간

1 콩나물은 머리와 꼬리 부분을 다듬은 뒤 깨끗이 씻어요.

2 냄비에 다시마 육수를 붓고 소금을 약간 넣은 뒤 중불에서 뚜껑을 연 상태로 콩나물을 3~4분간 데쳐요.

뚜껑을 처음부터 덮거나 아예 덮지 않고 끝까지 익혀야 콩나물 특유의 비린내가 나지 않아요.

3 익힌 콩나물은 찬물에 담가 식혀요.

4 콩나물 삶은 육수에 국간장과 소금을 약간 넣어 간한 뒤 냉장고에 넣어 차갑게 식혀두고, 삶은 콩나물은 소금을 약간 넣어 무쳐요.

5 시원한 콩나물 육수에 삶은 콩나물과 송송 썬 쪽파를 넣어요.

소고기콩나물뭇국

소고기와 무의 조합은 정말 최고인 거 같아요.
구수하고 시원하고! 여기에 콩나물로
아삭거리는 식감을 더해줬어요.

READY

- ○ 소고기 국거리(양지) 1½줌
- ○ 소금 약간
- ○ 후춧가루 약간
- ○ 콩나물 2줌
- ○ 깍둑썰기한 무 2줌
- ○ 참기름 약간
- ○ 멸치 다시마 육수 4컵
- ○ 송송 썬 파 약간
- ○ 다진 마늘 약간
- ○ 국간장 1숟가락

1 소고기는 소금과 후춧가루로 밑간해요.

2 콩나물은 지저분한 것을 다듬은 뒤 깨끗이 씻고, 무는 깍둑썰기해요.

3 냄비에 참기름을 약간 두른 뒤 소고기를 볶다가 핏기가 가실 때쯤 무를 넣어 30초간 볶아요.

4 멸치 다시마 육수를 붓고 7분간 끓여요.
중간중간 떠오르는 거품은 꼭 제거해주세요.

5 무가 익을 때쯤 콩나물, 송송 썬 파, 다진 마늘을 넣고 한 소끔 끓여요.

6 국간장과 소금 약간으로 간을 해요.

엄마 & 아빠도 먹어요!

경상도식 소고기뭇국은 얼큰하게 먹는 것이 특징이에요. 5번 과정에서 파를 큼지막하게 썰어 넣고 고춧가루 1숟가락, 다진 마늘 1숟가락, 후춧가루 약간, 액젓 약간, 송송 썬 청양고추 1숟가락을 넣어 모자란 간을 맞추면 얼큰하게 즐길 수 있어요.

황태감잣국

황태로 국을 끓이면 국물이 뽀얗게 우러나오죠.
여기에 감자를 넣고 끓이면 국물이 더욱 진해져요. 진국 중에 진짜 진국!
겨울 내내 얼었다 녹았다 하며 만들어낸 황태의 깊은 맛을
우리 아이에게 느끼게 해주고 싶어요.

READY

○ 황태채 1줌
○ 감자(중) 1개
○ 들기름 약간
○ 다진 마늘 ⅓숟가락
○ 쌀뜨물 3컵
○ 송송 썬 파 약간
○ 소금 약간

1 황태채는 찬물에 5분간 불려요.
아주 어린아이라면 더 오래 불려 부드럽게 만들어주세요.

2 감자는 깍둑썰기하고, 불린 황태는 가시를 발라낸 뒤 비슷한 크기로 잘라요.

3 냄비에 들기름을 약간 두르고 황태, 감자, 다진 마늘을 1분간 볶아요.

4 쌀뜨물을 1컵만 붓고 센 불에서 2분간 끓여요.

5 나머지 쌀뜨물 2컵을 붓고 중불에서 5분간 끓인 뒤 송송 썬 파를 넣고 소금으로 간해요.

밍구'S TIP!

- 쌀뜨물을 나눠 넣으면 국물이 더 진해지고 깊은 맛이 나요. 미역국을 끓일 때도 같은 방법으로 육수나 물을 여러 번 나눠 넣어 끓이면 국물이 훨씬 진해진답니다.
- 황태에 가시가 있을 수 있기 때문에 아이 목에 걸리지 않도록 꼼꼼히 확인해주세요.

바지락어묵탕

아이들은 바지락 살을 쏙쏙
골라먹는 것이 재미있나 봐요.
그래서 국을 끓일 때 자주 사용하는
식재료 중에 하나지요.
어묵탕을 끓일 때 바지락 몇 개만
넣어줘도 색다른 어묵탕의 맛을
느낄 수 있어요.

READY

- 어묵 2줌
- 멸치 다시마 육수 3컵
- 바지락 1줌
- 송송 썬 쪽파 약간
- 국간장 2숟가락

1 어묵은 뜨거운 물에 살짝 데쳐요.
기름기와 불순물이 제거돼요.

2 냄비에 멸치 다시마 육수를 붓고 바지락을 넣어 끓여요.

3 육수가 끓기 시작하면 어묵을 중불에서 5분간 끓인 뒤 송송 썬 쪽파를 넣고 국간장으로 간해요.

밍구's TIP!

바지락 해감법
봉지 바지락은 해감을 안 해도 되지만 일반 바지락은 꼭 해야 해요. 소금물에 바지락을 넣고 검은 봉지나 신문지를 덮어 3시간 정도 해감을 하면 조개가 이물질을 뱉어내요. 해감이 끝난 바지락은 살살 비벼 여러 번 씻으면 깨끗하게 모래를 제거할 수 있어요.

조개탕

좋아하는 조개를 가득 넣고
끓인 조개탕 국물은
시원한 맛이 일품이에요.
깨끗이 손질한 조개만 있으면
끓이는 방법도 아주 간단해요.

READY

- ○ 모시조개 1봉
- ○ 백합 1봉
- ○ 다시마 육수 4컵
- ○ 소금 약간
- ○ 쪽파 약간

1 모시조개와 백합은 소금을 넣어 비벼 씻은 뒤 연한 소금물에 담가 냉장고에 30분 이상 해감해요.

2 냄비에 다시마 육수를 붓고 조개를 넣어 끓여요.

3 육수가 끓어오르고 조개가 입을 벌리기 시작하면 떠오르는 거품을 걷어내요.

4 조개가 입을 완전히 벌리면 소금과 쪽파를 넣고 한소끔 끓여요.

오이수박냉국

여름만 되면 생각나는 것이
바로 오이냉국인데요.
아이들도 좋아할 수 있도록
수박을 넣어서 달콤한 맛을
내었어요.
어렸을 때부터 여러 가지
식감과 향에 익숙해질 수 있도록
다양한 식재료와 맛을
전해주는 것이 중요해요.

READY

- 채 썬 오이 1줌
- 당근 약간
- 채 썬 수박 1줌
- 물 1컵
- 통깨 약간

냉국 양념

- 소금 ¼숟가락
- 설탕 1숟가락
- 식초 2숟가락

1 오이와 당근은 얇게 채 썰어요.

2 넓은 볼에 채 썬 오이와 **냉국 양념**을 넣고 섞은 뒤 5분간 절여요.

밍구'S TIP!

냉국은 미리 만들어 냉장고에 두고 차갑게 먹어야 더 맛있어요.

엄마&아빠도 먹어요!

얇게 썬 마늘을 조금 넣고, 2배 식초를 사용해서 만들면 더 새콤하고 시원하게 냉국을 즐길 수 있어요.

3 수박은 껍질을 제거한 뒤 얇게 채 썰어요.

4 냉국 양념으로 무친 오이에 분량의 물, 수박, 당근, 통깨를 섞어요.

버섯들깨뭇국

버섯은 생으로 먹는 것보다 익혀 먹을 때 향이나 맛, 식감이 훨씬 좋아져요. 특히 들깻가루와 함께 끓였을 때 제일 맛있는 것 같아요. 어른들도 아이들도 모두 좋아하는 고소한 국이에요.

READY

- ○ 채 썬 무 1줌
- ○ 표고버섯 3개
- ○ 팽이버섯 ⅓봉
- ○ 들기름 약간
- ○ 멸치 다시마 육수 3½컵
- ○ 국간장 ½숟가락
- ○ 들깻가루(탈피) 2숟가락

밍구'S TIP!

들깻가루를 넣고 나서는 오래 끓이지 않아야 텁텁한 맛이 안 나요.

1 무와 표고버섯은 얇게 채 썰고, 팽이버섯도 비슷한 크기로 썰어요.

2 냄비에 들기름을 약간 두르고 무를 1분간 달달 볶아요.

3 멸치 다시마 육수를 붓고 육수가 끓어오르면 표고버섯과 팽이버섯을 넣고 무가 익을 때까지 중불에서 10분간 끓여요.

4 국간장으로 간한 뒤 불을 끄고 들깻가루를 넣어요.

소고기버섯전골

자작하게 끓인 전골은 보글보글 소리부터 맛있지요.
아이들과 함께 뚝배기에 전골 재료를 담아보세요.
우리 아이들이 귀로, 눈으로 음식이
만들어지는 과정을 경험한다면
식습관에 도움이 많이 될 거예요.

READY

- 소고기 앞다리살 (샤부샤부용) 1줌
- 배추 3장
- 표고버섯 ½줌
- 새송이버섯 ½줌
- 만가닥버섯 2줌
- 팽이버섯 약간
- 멸치 다시마 육수 2컵
- 송송 썬 파 약간
- 국간장 ½숟가락

밑간 재료

- 맛술 ½숟가락
- 소금 약간
- 후춧가루 약간

1 소고기는 **밑간 재료**를 넣어 조물조물 무치고, 배추는 얇게 채 썰어요.

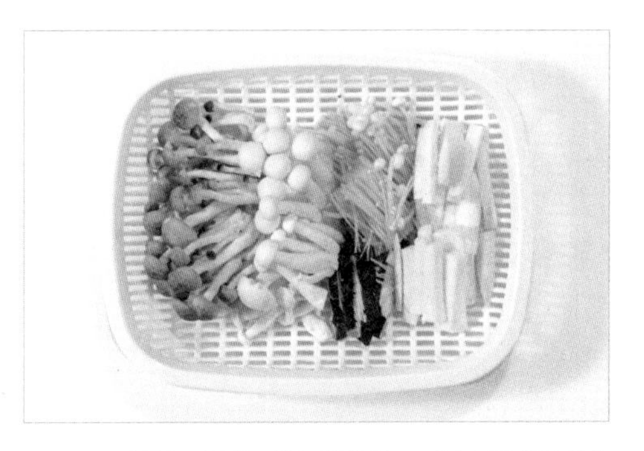

2 표고버섯은 밑동을 자른 뒤 채 썰고, 새송이버섯은 비슷한 크기로 썰어요. 나머지 버섯들은 밑동을 잘라낸 뒤 깨끗이 씻어요.

3 뚝배기나 전골 냄비에 배추를 깔고, 그 위에 버섯을 둥글게 올려요. 가운데 소고기를 올리고 멸치 다시마 육수를 부어요.

4 육수가 끓기 시작하면 송송 썬 파를 넣고 국간장으로 간을 해요. 소고기가 익으면서 국물이 자작자작해지면 불을 꺼요.

밍구's TIP!

버섯 손질법

표고버섯 밑동을 잘라낸 뒤 탁탁 쳐서 갓 안에 있는 이물질을 털어낸 뒤 젖은 헝겊으로 닦거나 흐르는 물에 재빨리 씻어내요. 표고버섯 밑동은 깨끗이 씻어서 육수를 낼 때 사용하면 좋아요.

새송이버섯 밑동을 잘라내고 젖은 헝겊을 이용해 닦거나 흐르는 물에 재빨리 씻어내요.

만가닥버섯 밑동을 잘라내고 찬물에 담가 재빨리 흔들어 씻어요.

팽이버섯 봉지째 밑동을 잘라내고 찬물에 담가 재빨리 흔들어 씻어요.

오징어단호박된장국

국에 단호박이 들어간다고 하면 뭔가 생소할 수도 있지만
구수하고 달큰한 맛이 된장과 참 잘 어울린답니다.
오징어를 넣어 국물에 감칠맛까지 더해주었어요.

READY

- 단호박 $\frac{1}{4}$개
- 두부 $\frac{1}{3}$모
- 새송이버섯 $\frac{2}{3}$개
- 오징어(몸통) $\frac{1}{2}$마리
- 멸치 다시마 육수 3컵
- 된장 1숟가락
- 송송 썬 파 약간

1 단호박은 씨를 빼내고 껍질을 깎아요.

3 오징어는 껍질을 벗긴 뒤 작고 네모낳게 썰어요.

5 단호박이 익기 시작하면 두부, 오징어, 송송 썬 파를 넣고 1분간 끓여요.

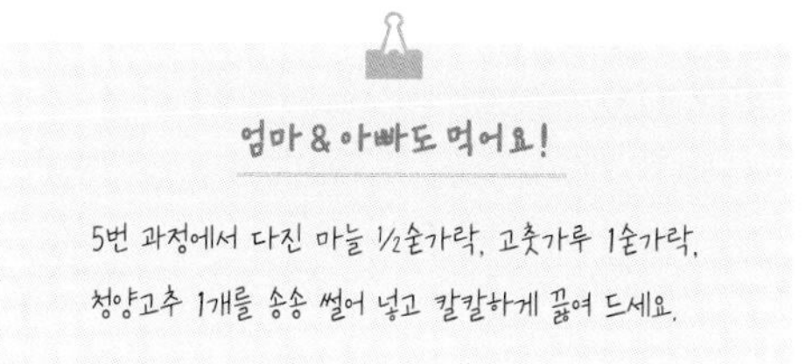

엄마 & 아빠도 먹어요!

5번 과정에서 다진 마늘 ½숟가락, 고춧가루 1숟가락, 청양고추 1개를 송송 썰어 넣고 칼칼하게 끓여 드세요.

2 단호박은 먹기 좋은 크기로 썰고, 두부는 네모지게 썰어요. 새송이버섯도 비슷한 크기로 썰어요.

4 냄비에 멸치 다시마 육수를 붓고 된장을 체에 걸러 풀어요. 육수가 끓으면 단호박과 새송이버섯을 넣고 중불에서 3~5분간 끓여요.

밍구'S TIP!

오징어는 처음부터 넣고 끓이면 질겨지니 살짝 익혀주세요.

오징어 껍질 벗기는 법

오징어는 껍질을 벗겨내야 식감이 부드러워져요. 오징어 몸통 끝 부분에 일자로 칼집을 낸 뒤 마른 행주 또는 키친타월을 이용해 끝에서부터 껍질을 잡고 긁어내듯이 벗겨주세요. 이때 물기가 없을수록 마찰력이 생겨 오징어의 껍질이 더욱 잘 벗겨져요.

오징어무챗국

오징어는 요리에 감칠맛을 더해주는 아주 좋은 해산물이에요.
하지만 오래 익히면 질겨지기 때문에 어린아이들이
먹기 힘든 식재료이기도 하지요.
그럴 땐 달큰한 무와 함께 채 썰어서 부드럽게 씹을 수 있도록
만들어주는 것도 좋은 방법이에요.

READY

- ○ 채 썬 오징어(몸통) ½줌
- ○ 송송 썬 파 약간
- ○ 채 썬 무 1½줌
- ○ 참기름 약간
- ○ 다진 마늘 약간
- ○ 멸치 다시마 육수 2컵
- ○ 새우젓 ¼숟가락

1 오징어의 몸통 부분은 껍질을 벗긴 뒤 길게 채 썰어요.

2 채 썬 오징어는 먹기 좋은 크기로 썰고, 파는 송송 썰어요. 무는 얇게 채 썰어요.

3 냄비에 참기름을 약간 두르고 다진 마늘과 무를 넣고 30초간 볶아요.

4 멸치 다시마 육수를 붓고 육수가 끓어오르면 무가 투명해질 때까지 중약불에서 5분간 익혀요.

중간에 떠오르는 거품은 제거해주세요.

5 무가 거의 다 익으면 오징어와 파를 넣고 부르르 끓인 뒤 새우젓으로 간을 해요.

밍구'S TIP!

- 오징어는 너무 오래 익히면 질겨지기 때문에 마지막 단계에서 살짝 익혀야 부드럽게 먹을 수 있어요.
- 새우젓으로 간을 하면 감칠맛과 시원한 맛이 난답니다.
- 오징어 껍질 벗기는 법은 오징어단호박된장국(202쪽)을 참고해주세요.

엄마 & 아빠도 먹어요!

5번 과정에서 고춧가루 ½숟가락, 청양고추 1~2개를 송송 썰어 넣으면 칼칼하게 먹을 수 있어요. 모자란 간은 소금이나 새우젓으로 맞춰주세요.

조랭이떡국

작고 앙증맞은 조랭이떡은 아이들이 한입에 쏙쏙 먹기 편해서 좋아요.
고소한 고기 국물을 내주는 양지로 육수를 내서 떡국을 끓였어요.

READY

- 소고기 국거리(사태 또는 양지) 1줌
- 소금 약간
- 후춧가루 약간
- 조랭이떡 2컵
- 참기름 ⅓숟가락
- 다진 마늘 약간
- 멸치 다시마 육수 4컵
- 실파 약간

1 소고기는 소금과 후춧가루로 밑간해요.

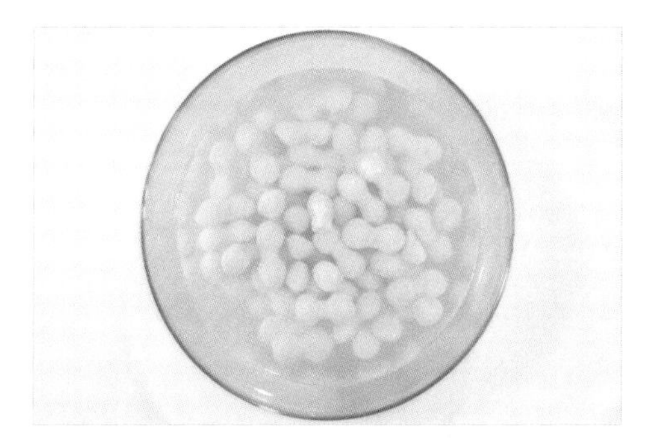

2 조랭이떡은 찬물에 15~30분 정도 담가 불려요.

3 냄비에 참기름을 두르고 다진 마늘과 밑간한 소고기를 넣고 핏기가 사라질 때까지 달달 볶아요.

4 멸치 다시마 육수를 붓고 10분간 중약불에서 끓이다가 불려놓은 떡을 넣고 5분 더 끓여요.

5 떡이 익으면 소금으로 간을 한 뒤 실파를 적당한 크기로 썰어 넣고 한소끔 끓여요.

밍구'S TIP!

- 떡국을 끓일 때 사골 육수나 고기 육수를 사용하면 더욱 깊은 맛이 나요. 준비된 육수가 없다면 냄비에 소고기를 충분히 볶은 뒤 멸치 다시마 육수나 물을 붓고 떡국을 끓여보세요. 간단하고 손쉽게 고기 육수 못지않은 깊은 맛을 낼 수 있어요.
- 5번 과정에서 달걀물을 풀어 넣거나 지단을 부쳐 고명을 올려도 좋아요.

굴림만둣국

만두를 빚는 것이 번거롭다면
맛있게 만든 만두소를 밀가루에 몇 번
굴려만 주세요. 쉽고 간단하게 만들 수 있어요.
한입에 쏙쏙! 간식으로도 아주 좋은 만두랍니다.

READY

만두소 재료

- 숙주 1줌
- 새우 8마리
- 다진 부추 3숟가락
- 두부 ¼모
- 다진 돼지고기 1컵
- 달걀노른자 1개
- 다진 마늘 ½숟가락
- 참기름 ½숟가락
- 소금 약간
- 후춧가루 약간

만두피

- 밀가루 1컵
- 달걀흰자 2알

- 송송 썬 파 약간
- 달걀 1개
- 멸치 다시마 육수 3컵
- 굴림만두 8~10알
- 국간장 ½숟가락

1 숙주는 끓는 물에 30초간 데친 뒤 찬물에 헹구고 물기를 꼭 짜요.

2 손질한 새우는 잘게 다지고, 부추와 삶은 숙주도 잘게 다져요. 두부는 면보에 넣고 물기를 꼭 짠 뒤 으깨요.

3 넓은 볼에 **만두소 재료**를 넣고 여러 번 치대요.

달걀흰자는 버리지 말고 만두피 만들 때 사용해요.

4 만두소를 동그랗게 빚어 밀가루-달걀흰자-밀가루 순으로 묻혀주세요.

이 과정을 반복할 경우 만두피가 두꺼워져요. 얇은 만두피를 원한다면 1~2번이 적당해요.

5 만둣국을 끓일 재료를 준비해요. 파는 송송 썰고, 달걀은 충분히 풀어요.

6 냄비에 멸치 다시마 육수를 붓고 육수가 끓기 시작하면 굴림만두를 넣고 만두가 익을 때까지 중불에서 7~10분간 끓인 뒤 국간장, 파, 달걀물을 원을 그리며 넣어요.

얼린 만두를 넣고 끓인다면 끓이는 시간을 더 늘려주세요.

밍구'S TIP!

- 굴림만두는 냉장고에 보관하면 만두피가 흐물흐물해지고 만두소에서 물이 나와 질척해질 수 있어요. 꼭 냉동 보관해주세요.
- 새우 손질법은 새우호박맑은국(186쪽)을 참고해주세요.

닭곰탕

닭을 사용해서 진하게 낸 육수는 후루룩 밥을 말아
든든하게 먹기 참 좋아요. 야들야들한 살을 가득 발라 넣은
닭곰탕에 맛있는 김치를 함께 얹어 먹어보세요.
정성이 담긴 소중한 맛에 아이들도 한 그릇 뚝딱 비워낼 거예요.

READY

- 영계 1마리
- 물 넉넉히
- 파 흰 부분 2대
- 마늘 5쪽
- 양파 ¼개
- 소금 약간
- 다진 마늘 약간

1 닭은 껍질을 모두 벗겨내고 끓는 물에 살짝 데친 뒤 찬물에 헹궈 불순물을 제거해요.

2 냄비에 닭과 닭이 잠길 만큼의 물을 넣고 파, 마늘, 양파를 넣고 끓여요.

3 물이 끓기 시작하면 중약불에서 30~40분간 끓인 뒤 닭을 건져요.

4 육수에 남아있는 재료는 체를 사용해서 건져요.

5 닭의 살을 발라 잘게 찢어 소금과 다진 마늘을 넣고 무쳐요.

6 밥 위에 양념한 닭살을 올린 뒤 닭 육수를 부어요.

엄마 & 아빠도 먹어요!

5번 과정에서 다진 마늘 1숟가락, 고춧가루 3숟가락, 소금 약간, 후춧가루 약간을 넣고 무쳐낸 뒤 밥이 담긴 그릇에 닭 육수를 붓고 무쳐낸 닭고기와 송송 썬 파를 듬뿍 올려 먹으면 매콤한 닭곰탕을 즐길 수 있어요!

대구맑은탕

대구로 맑은탕을 끓이면 아주 시원하고 깔끔해요.
아이들이 먹기 쉽도록 대구의 살만으로 탕을 끓였어요.
미나리, 쑥갓 등 향긋한 채소를 더해주면 탕의 맛이
더욱 업그레이드된답니다.

READY

- ○ 대구살 1줌
- ○ 무 2줌
- ○ 양파 ½줌
- ○ 실파 약간
- ○ 멸치 다시마 육수 3컵
- ○ 맛술 ½숟가락
- ○ 새우젓 약간

1 대구살은 먹기 좋은 크기로 썰어요.

2 무는 얇고 네모지게 썰고, 양파와 실파도 비슷한 크기로 썰어요.

3 냄비에 멸치 다시마 육수와 무를 넣은 뒤 육수가 끓어오르면 대구살과 맛술을 넣고 중불에서 5분간 끓여요.

4 양파와 실파를 넣고, 새우젓으로 간한 뒤 1분 더 끓여요.

밍구'S TIP!

- 대구살에 가시가 없는지 꼭 미리 확인해주세요.
- 3~4번 과정에서 콩나물이나 미나리 또는 쑥갓을 넣고 끓여도 시원하고 맛있어요.

우리 아이 깨끗이 비우는 푸짐한 한 그릇 요리

아이들의 올바른 식습관을 형성하는 데에는 밥과 국, 반찬으로 구성되는 식단이 좋지만
2~3가지 요리를 해야 하기 때문에 엄마들의 손이 바빠질 수밖에 없어요.
가끔은 한 그릇에 모든 영양소를 다 넣어 간단하게 끝내고 싶은데 말이죠!
그럴 때 활용할 수 있는 든든한 한 그릇 레시피를 소개할게요.

part

05

새우마늘볶음밥

마늘을 약불에서 천천히 볶으면 매운맛이 사라지고
고소한 맛이 남아요.
마늘 기름에 밥을 볶으면 더욱 맛있겠죠?
새우와 채소를 넣고 감칠맛 나게 볶아 먹어요.

READY

- 다진 파프리카 1숟가락
- 다진 양파 1숟가락
- 다진 부추 1숟가락
- 마늘 4쪽
- 달걀 1개
- 새우 5마리
- 식용유 넉넉히
- 밥 ⅔공기
- 소금 약간

1 파프리카, 양파, 부추는 잘게 다지고, 마늘은 얇게 썰어요. 달걀은 충분히 풀고, 손질한 새우는 잘게 썰어요.

2 달군 팬에 식용유를 약간 두르고 달걀물을 넣은 뒤 불을 끄고 달걀을 휘저으며 잔열로 익혀 스크램블드에그를 만들어요.

3 팬에 식용유를 넉넉히 두르고 마늘을 약불에서 노릇하게 익혀요. 마늘만 따로 건져내고 키친타월에 올려 기름을 제거해요.

마늘은 약불에서 속까지 완전히 익혀야 매운맛이 사라지고 고소한 맛만 남아요.

4 마늘을 볶았던 기름에 파프리카, 양파, 새우를 넣고 중불에서 1분간 볶아요.

5 밥을 넣고 주걱을 세워 밥알을 고슬고슬하게 펴가며 3분간 볶아요.

6 스크램블드에그, 구운 마늘, 부추를 넣고 30초간 볶은 뒤 소금으로 간해요.

밍구'S TIP!

- 유아식을 막 시작하는 어린아이들은 볶음밥의 고슬고슬한 식감을 부담스러워할 수 있어요. 그럴 땐 기름 대신 물을 약간 넣고 볶아주세요. 기름도 덜 들어가고 촉촉하게 볶음밥을 만들 수 있어요.
- 새우 손질법은 새우호박맑은국(186쪽)을 참고해주세요.

새우채소밥전

밥전 같은 핑거푸드는 유아식을
막 시작하는 아이들에게
좋은 음식이에요.
한 개, 두 개 집어먹는 재미가
쏠쏠하지요. 찬밥을 활용해도 좋고
냉장고 속 자투리 채소를 활용해서
만들어도 좋아요.

READY

- 새우 5마리
- 다진 양파 1숟가락
- 다진 당근 1숟가락
- 다진 부추 1숟가락
- 밥 ½공기
- 달걀 1개
- 소금 약간
- 참기름 약간
- 식용유 약간

1 손질한 새우는 곱게 다지고, 양파, 당근, 부추도 잘게 다져요.

2 넓은 볼에 밥, 손질한 재료, 달걀, 소금, 참기름을 넣고 섞어요.

3 달군 팬에 식용유를 약간 두르고 밥을 1숟가락씩 떠올려 중약불에서 앞뒤로 3분씩 노릇하게 부쳐요.

밍구'S TIP!

새우 손질법은 새우호박맑은국(186쪽)을 참고해주세요.

달걀죽

달걀을 풀어서 고소하게 만든
죽은 아침 메뉴로도 좋아요.
휘황찬란한 재료 없이도 맛있는
죽을 만들 수 있답니다.
완전식품 달걀로 우리 가족
건강을 책임져보아요!

READY

- 다진 당근 2숟가락
- 다진 느타리버섯 2숟가락
- 다진 애호박 2숟가락
- 달걀 1개
- 참기름 약간
- 불린 쌀 1컵
- 물 또는 다시마 육수 6컵

1 채소는 곱게 다지고, 달걀은 충분히 풀어요.

2 냄비에 참기름을 약간 두르고 쌀과 채소를 넣고 쌀이 투명해질 때까지 볶아요.

쌀은 깨끗이 씻어서 찬물에 30분 이상 불려요.

3 분량의 물 또는 다시마 육수를 붓고 쌀이 익을 때까지 잘 저어가며 중약불에서 10~15분간 끓여요.

물이 부족하다 싶으면 조금씩 보충해서 끓여주세요.

4 쌀이 다 익으면 달걀물을 원을 그리며 부은 뒤 참기름을 약간 넣어요.

밍구'S TIP!

- 고명으로 잘게 부순 김이나 갈은 깨를 얹어서 먹으면 더 고소해요. 멥쌀 대신 찹쌀을 사용해도 좋아요.
- 이유식 완료기 아이들이 먹기에도 좋아요.

아기 김밥

소풍가는 날 활용하기 좋은 김밥 레시피예요!
한입에 쏙 들어가 먹기 편한 아기 김밥을
맛있게 만들어보세요.

READY

- 단무지 2줄
- 어묵 2장
- 채 썬 당근 2줌
- 채 썬 오이 1줌
- 식용유 약간
- 달걀 2개
- 김밥 김 4장
- 밥 2공기
- 참기름 약간

어묵 양념

- 간장 ⅓숟가락
- 올리고당 ½숟가락

1 단무지는 길게 2등분하고, 어묵과 당근은 얇게 채 썰어요. 오이는 껍질 부분만 얇게 채 썰어요.

2 달군 팬에 식용유를 약간 두르고 달걀을 잘 풀어 넣은 뒤 반을 접어서 두툼한 달걀지단을 만들어요.

3 달군 팬에 식용유를 약간 두르고 당근을 볶아요.

4 어묵은 **어묵 양념**을 넣고 약불에서 볶아요.

5 김밥 속에 들어갈 재료를 한 김 식혀요.

6 김은 $\frac{2}{3}$만 사용해요.

7 김발 위에 김을 깔고 김 위에 밥 3~4 숟가락을 얹고 고루 펴요.

8 가운데에 당근-오이-어묵을 올린 뒤 위아래에 단무지와 달걀지단을 올려요.

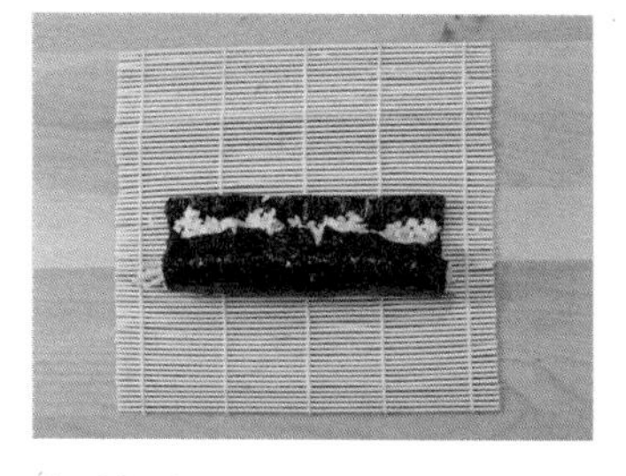

9 양쪽 손으로 김 끝부분을 잡고 안으로 당기면서 말아요.

10 김이 겹쳐지는 부분을 아래로 향하게 두고 참기름을 바른 뒤 얇게 썰어요.

밍구's TIP!

- 밥이 따듯할 때 마는 것이 좋아요. 밥알을 고루 펼 수 있고, 말았을 때 김의 끝부분이 들뜨지 않고 착 달라붙어요.
- 밥에는 따로 간을 하지 않았어요. 단무지와 어묵만으로도 충분한 간이 된답니다. 혹시 간을 하고 싶다면 소금, 통깨, 참기름을 조금 넣고 섞어주세요.

오이 채 썰기 오이는 칼로 돌려 깎은 뒤 수분이 많은 씨 부분은 제거하고 껍질 부분을 겹쳐서 얇게 채 썰어요.
당근 채 썰기 어슷하게 얇게 썬 뒤 겹쳐서 채 썰어요.

파래볶음밥

향긋한 파래는 한번 맛들이면 계속 생각나는 식재료예요.
바다의 영양분을 듬뿍 가지고 있어
제철인 겨울에 특히 많이 먹어야 해요.
오징어 같은 해산물과 함께 볶아 먹으면 더욱 맛있어요.

READY

- 다진 오징어(몸통) 2숟가락
- 파래 1숟가락
- 다진 파 1숟가락
- 다진 양파 1숟가락
- 식용유 약간
- 밥 ½공기
- 소금 약간
- 참기름 약간

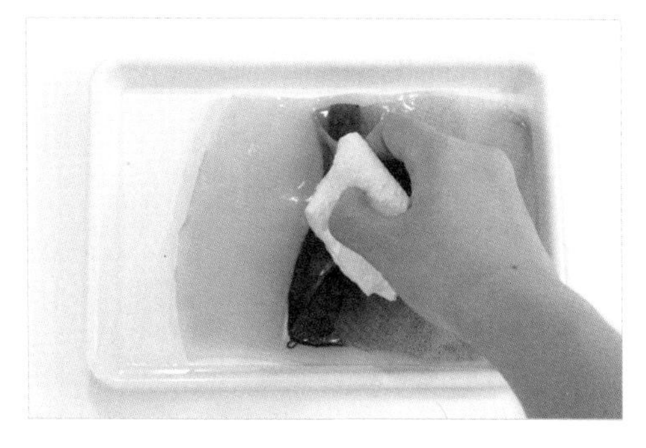

1 오징어는 내장을 제거하고 반으로 가른 뒤 머리와 다리 부분을 잘라낸 몸통 부분을 사용해요. 껍질은 키친타월을 이용해 벗겨요.

부드러운 식감을 위해 껍질을 제거해요

2 파래는 깨끗이 손질해서 먹기 좋은 크기로 자르고, 파, 양파, 오징어도 잘게 다져요.

3 달군 팬에 식용유를 약간 두르고 파와 양파를 먼저 볶다가 오징어와 파래를 넣고 살짝 익혀요.

4 밥을 넣고 주걱을 세워 밥이 짓눌리지 않도록 고슬고슬하게 볶고 소금과 참기름을 넣어 간을 해요.

밍구's TIP!

오징어 대신 새우, 조갯살 등 다른 해산물류로 대체해도 좋아요.

파래 손질법

넓은 볼에 파래를 넣고 굵은소금을 뿌린 뒤 거품이 나올 정도로 주물러 불순물을 제거하고 찬물에 여러 번 헹궈내 물기를 꼭 짠 다음 가위로 먹기 좋게 잘라주세요.

오징어 껍질 벗기는 법

오징어는 껍질을 제거해야 식감이 부드러워요. 오징어 몸통 끝부분에 칼집을 일자로 내고 마른 행주 또는 키친타월을 이용해 끝에서부터 껍질을 잡고 긁어내듯이 벗겨주세요. 물기가 없을수록 마찰력이 생겨 오징어의 껍질이 더욱 잘 벗겨져요.

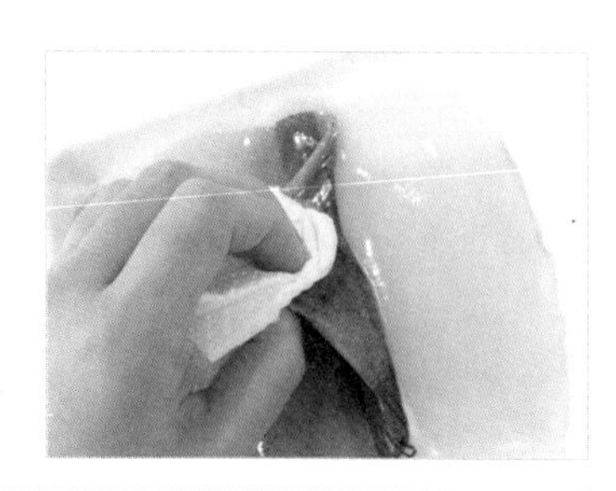

해물볶음우동

오동통통한 면발을 가진 우동!
국물이 있는 우동도 좋지만
가끔은 특별하게 볶아서 먹어보세요.
볶음우동은 뭐니 뭐니 해도 아삭하게
씹히는 숙주의 식감이 포인트예요.

READY

- ○ 숙주 1줌
- ○ 채 썬 양배추 ½줌
- ○ 만가닥버섯 ½줌
- ○ 냉동 우동면 ½봉
- ○ 식용유 약간
- ○ 다진 마늘 ⅓숟가락
- ○ 다진 파 약간
- ○ 바지락 1줌
- ○ 맛술 1숟가락
- ○ 멸치 다시마 육수 ½컵
- ○ 통깨 약간

양념 재료

- ○ 간장 1숟가락
- ○ 올리고당 ⅓숟가락
- ○ 참기름 약간

1 숙주는 지저분한 것을 다듬고, 양배추는 얇게 채 썰어요. 만가닥버섯은 밑동을 자른 뒤 씻어요.

2 냉동 우동면은 끓는 물에 30초간 익힌 뒤 찬물에 헹구고 체에 밭쳐 물기를 제거해요.

나중에 다시 한번 볶기 때문에 완전히 익히지 않아도 괜찮아요.

3 팬에 식용유를 약간 두르고 다진 마늘과 다진 파를 10초간 볶아요.

4 손질한 바지락과 맛술을 넣고 볶다가 멸치 다시마 육수를 부어요. 바지락이 입을 벌릴 때쯤 숙주를 제외한 손질한 채소를 넣고 30초간 볶아요.

5 데친 우동면과 숙주, 통깨, **양념 재료**를 넣고 중불에서 잘 섞이도록 2분간 재빠르게 볶아요.

밍구's TIP!

냉동 우동이 없을 경우 일반 냉장 우동면으로 사용해도 괜찮아요.

바지락 해감법

봉지 바지락은 해감을 안 해도 되지만 일반 바지락은 꼭 해야 해요. 소금물에 바지락을 넣고 검은 봉지나 신문지를 덮어 3시간 정도 해감을 하면 조개가 이물질을 뱉어내요. 해감이 끝난 바지락은 살살 비벼 여러 번 씻으면 깨끗하게 모래를 제거할 수 있어요.

오징어 카레볶음밥

해산물을 사용하는 요리는 자칫
비린내가 날 수 있기 때문에
손질이나 조리법이 아주 중요해요.
오징어를 넣은 볶음밥에
카레가루를 더해 비린내를 잡아주세요.

READY

- 다진 오징어 2숟가락
- 다진 양파 1숟가락
- 다진 당근 1숟가락
- 다진 애호박 1숟가락
- 다진 파프리카 1숟가락
- 식용유 약간
- 밥 ½공기
- 카레가루 ½숟가락

밍구'S TIP!

- 카레가루를 넣어 따로 소금 간을 하지 않아도 괜찮아요.
- 아주 어린아이는 고슬고슬하고 부드럽지 않은 식감의 볶음밥은 먹기 힘들어할 수 있어요. 이럴 땐 중간에 물을 넣고 부드럽게 볶아주세요.
- 오징어 껍질 벗기는 법은 파래볶음밥(222쪽)을 참고해주세요.

1 오징어는 껍질을 벗겨 잘게 다지고, 채소들도 잘게 다져요.

2 달군 팬에 식용유를 약간 두르고 다진 채소를 중불에서 1분간 볶아요.

3 오징어를 넣고 볶다가 밥을 넣고 주걱을 세워 뭉친 밥을 고루 펴요.

4 카레가루를 넣고 1분 더 볶아요.

부추주먹밥

바쁜 아침에는 간편하게
만들 수 있는 주먹밥이 제격이죠.
김가루만으로 만드는 경우가 많은데
부추를 잘게 다져서 넣어보세요.
향긋한 부추향이 김과 아주 잘 어울려요.
맛도 영양도 만점인 아주 좋은 음식이에요.

READY

- 마른 김 2~3장
- 다진 부추 1숟가락
- 밥 ⅔공기
- 갈은 깨 ½숟가락
- 소금 약간
- 참기름 ½숟가락

1 김은 불에 살짝 구운 뒤 위생 봉투에 넣어 잘게 부수고, 부추는 다져요.

2 따듯한 밥과 김, 부추, 깨, 소금, 참기름을 주걱으로 잘 섞어요.

3 작고 동그랗게 주먹밥을 빚어요.

밍구'S TIP!

- 부추는 데치지 않은 생부추를 사용해야 부추 향이 향긋하게 나고 김과도 잘 어우러져요.
- 밥은 뜨겁거나 따듯한 상태에서 섞는 것이 좋아요. 밥이 차가울 경우 재료들이 잘 섞이지 않아요.

어묵숙주국수

후루룩 후루룩! 국수는 아이들이 참 좋아하는 음식이에요.
어묵을 국수처럼 얇게 채 썰어 국수에 같이 곁들여주면
쫄깃쫄깃 맛있는 국수가 되지요.
숙주를 넣어서 아삭아삭한 식감을 살려주었어요.

READY

- 어묵 ½장
- 숙주 ½줌
- 소금 약간
- 국수 면 1줌
- 멸치 다시마 육수 2컵
- 국간장 ½숟가락
- 맛술 ½숟가락
- 송송 썬 실파 약간

1 어묵은 얇게 채 썰고, 숙주는 깨끗이 씻어 다듬어요.

2 채 썬 어묵은 끓는 물을 부어 기름기와 불순물을 제거해요.

3 끓는 물에 소금을 약간 넣고 국수 면을 2등분해 넣어 4분간 삶은 뒤 찬물에 여러 번 헹구고 물기를 꼭 짜요.

물이 끓어 넘칠 때 찬물을 2~3번 부어가며 끓이면 면을 더욱 쫄깃하게 삶을 수 있어요.

4 냄비에 멸치 다시마 육수를 붓고 소금 약간, 국간장, 맛술로 간을 한 뒤 어묵을 넣고 1분간 끓여요.

5 숙주와 송송 썬 실파를 넣고 30초 더 끓인 뒤 삶은 국수 위에 부어요.

밍구'S TIP!

국수는 면이 길어서 어린아이가 먹을 때 목에 걸릴 수 있어요. 아이의 나이에 맞게 적당한 길이로 잘라서 먹여주세요.

아기 비빔국수

어른들이 먹는 매콤한 비빔국수 대신 간장을 이용해
아이들도 먹을 수 있도록 만들어주세요.
채소도 함께 넣어서 비벼주면 더욱 좋겠죠?

READY

- ○ 느타리버섯 ½줌
- ○ 채 썬 애호박 ½줌
- ○ 채 썬 당근 ½줌
- ○ 채 썬 묵은지 ½줌
- ○ 식용유 약간
- ○ 국수 면 1줌

국수 양념

- ○ 간장 ½숟가락
- ○ 올리고당 ½숟가락
- ○ 참기름 ⅓숟가락
- ○ 갈은 깨 약간

1 느타리버섯은 물에 흔들어 씻은 뒤 결대로 찢고, 애호박과 당근은 얇게 채 썰어요.

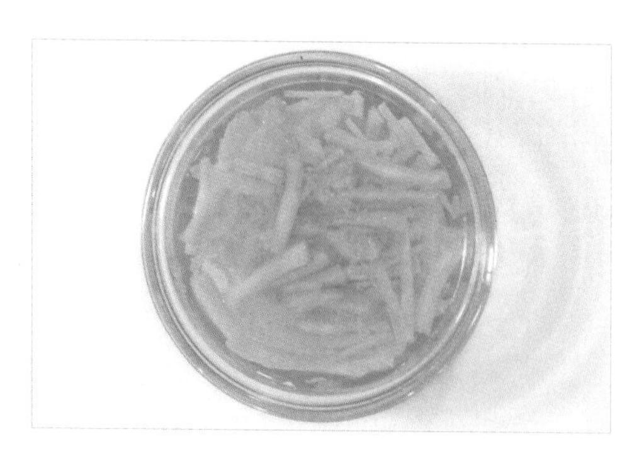

2 묵은지는 양념을 씻어낸 뒤 채 썰고 찬물에 30분 정도 담가서 염분을 제거해요.

3 달군 팬에 식용유를 약간 두르고 당근을 먼저 볶다가 나머지 채소도 넣고 중불에서 1~2분간 볶아요.

4 끓는 물에 국수 면을 2등분해 넣고 4분간 삶아요.

물이 끓어 넘칠 때 찬물을 부어가며 끓이면 면을 더욱 쫄깃하게 삶을 수 있어요.

5 삶은 국수는 찬물에 재빨리 주물러 헹군 뒤 물기를 꼭 짜요.

6 넓은 볼에 삶은 국수와 볶은 채소, 묵은지, **국수 양념**을 넣고 조물조물 무쳐요.

참치채소진밥

이유식이 끝날 무렵 아이들이 자주 먹는 것이 바로 진밥이에요.
여기에 단백질이 풍부한 참치를 넣어 간단하게 한 끼 식사를
만들어주세요.

READY

- 다진 양파 2숟가락
- 다진 당근 1숟가락
- 다진 청경채 1숟가락
- 통조림 참치 3숟가락
- 참기름 약간
- 밥 ⅔공기
- 물 또는 다시마 육수 4컵
- 소금 약간

1 양파, 당근, 청경채는 잘게 다져요.

2 참치는 기름을 뺀 뒤 체에 밭쳐 뜨거운 물을 여러 번 부어 불순물과 짠맛을 제거해요.

3 냄비에 참기름을 약간 두르고 양파, 당근을 넣고 볶아요.

4 분량의 물 또는 다시마 육수를 붓고 밥을 넣어 중약불에서 3~5분간 잘 저어가며 끓여요.

5 참치, 청경채, 참기름 약간을 넣고 약불에서 1분간 끓인 뒤 소금으로 간해요.

밍구'S TIP!

- 완료기 이유식을 하고 있는 아이들(11~13개월)이 먹기에도 좋아요.
- 청경채가 없다면 부추를 사용해도 좋아요.

참치비빔밥

비빔밥은 보통 채소만 넣어서 먹는 경우가 많지만
불고기나 참치 등을 넣으면 단백질이 보충되고 씹는 맛이 생겨 좋아요.
유아식이기 때문에 양념은 고추장 대신 간장을 넣었어요.

READY

- ○ 통조림 참치 2숟가락
- ○ 상추 1장
- ○ 채 썬 양파 1줌
- ○ 식용유 약간
- ○ 메추리알 2개
- ○ 밥 ½공기
- ○ 간장 약간
- ○ 참기름 약간

1 참치는 기름을 뺀 뒤 체에 밭쳐 뜨거운 물을 여러 번 부어 불순물과 짠맛을 제거해요.

2 상추는 얇게 채 썰고, 양파도 비슷한 크기로 채 썰어요.

3 달군 팬에 식용유를 약간 두르고 양파를 1분간 볶아요.

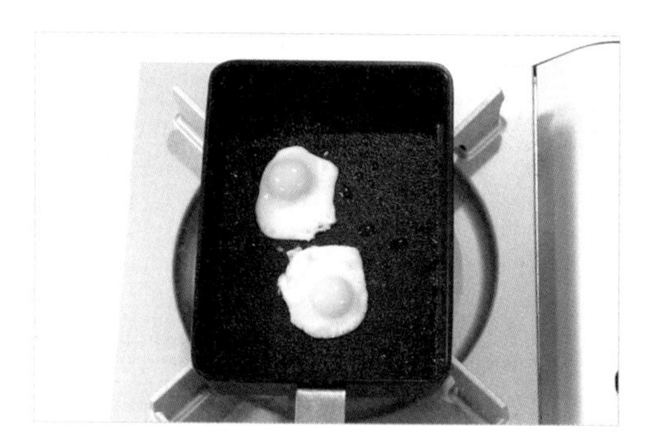

4 달군 팬에 메추리알프라이를 해요.

반숙으로 익힐 경우 꼭 신선한 메추리알을 사용해야 해요.

5 밥 위에 참치, 볶은 양파, 상추, 메추리알프라이를 올린 뒤 간장과 참기름을 넣어요.

밍구's TIP!

- 참치는 마른 팬에 살짝 볶아서 사용해도 좋아요.
- 메추리알 대신 달걀프라이나 스크램블드에그를 만들어서 곁들여도 좋아요.

된장채소비빔밥

한국인의 대표 음식인 비빔밥!
아이들을 위해서 된장을 넣고 구수한 비빔밥을 만들었어요.
두부를 넣어 짜지 않고 고소한 된장 양념에 쓱쓱 비벼 먹으면
건강하게 한 그릇 뚝딱!

READY

- ○ 채 썬 당근 약간
- ○ 숙주 ½줌
- ○ 부추 ½줌
- ○ 식용유 약간
- ○ 달걀 1개
- ○ 밥 ⅔공기
- ○ 참기름 약간

1 당근을 얇게 채 썰고, 숙주와 부추는 깨끗이 씻어요.

2 끓는 물에 숙주를 넣고 30초간 데친 뒤 찬물에 헹궈 물기를 꼭 짜요.

3 끓는 물에 부추를 넣고 30초간 데친 뒤 찬물에 헹궈 물기를 꼭 짜요.

4 달군 팬에 식용유를 약간 두르고 당근을 넣어 볶아요.

5 달군 팬에 식용유를 약간 두르고 달걀물을 넣어 저어가며 스크램블드에그를 만들어요.

6 데친 부추와 숙주는 먹기 좋은 크기로 썰고, 당근과 달걀은 한 김 식혀요.

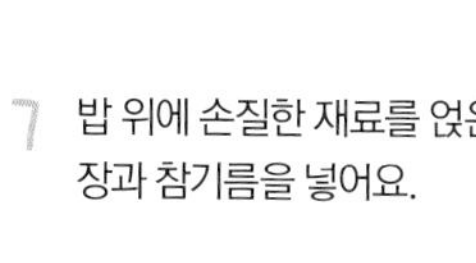

7 밥 위에 손질한 재료를 얹은 뒤 두부된장과 참기름을 넣어요.

엄마 & 아빠도 먹어요!

어른이 먹을 경우 숙주, 부추, 당근에 각각 소금 간을 따로 하고 비벼야 재료가 더욱 맛있게 어우러져요.

밍구's TIP!

두부된장 만들기

- 두부 $\frac{1}{4}$모
- 참기름 약간
- 다진 마늘 약간
- 다진 파 약간
- 된장 $\frac{1}{3}$숟가락
- 멸치 다시마 육수 5숟가락

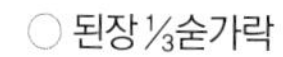

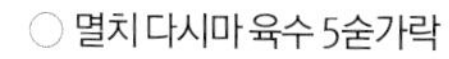

1

2

3

1. 두부는 칼로 으깨요.
2. 냄비에 참기름을 약간 두르고 다진 마늘과, 파, 다진 된장을 넣고 볶아요.
3. 멸치 다시마 육수, 두부를 넣고 약불에서 1~2분간 끓여요.

두부를 넣고 쌈장을 만들면 짜지 않아서 좋아요.

소고기볶음국수

국수라고 하면 흔히 국물이 있는 촉촉한 잔치국수가 많이 생각나실 거예요.
그러나 육수를 내지 않고 금방 볶아 후루룩 먹는 볶음국수도 있어요.
소고기와 맛있는 양념을 더해 한 그릇 별미를 만들어보아요.

READY

- ○ 다진 소고기 ½줌
- ○ 채 썬 양파 약간
- ○ 팽이버섯 약간
- ○ 실파 약간
- ○ 국수 면 1줌
- ○ 식용유 약간
- ○ 물 5숟가락
- ○ 소금 약간
- ○ 참기름 ⅓숟가락

밑간 양념

- ○ 설탕 ¼숟가락
- ○ 다진 마늘 약간
- ○ 간장 ⅓숟가락
- ○ 맛술 ⅓숟가락

1 다진 소고기에 **밑간 양념**을 넣고 10분간 숙성시켜요.

2 양파는 얇게 채 썰고, 팽이버섯과 실파도 비슷한 크기로 썰어요.

3 끓는 물에 국수를 2등분해 넣고 3분간 삶은 뒤 찬물에 여러 번 헹구고 물기를 꼭 짜요.

물이 끓어 넘칠 때 찬물을 부어가며 끓이면 면이 더 쫄깃해요.

4 달군 팬에 식용유를 약간 두르고 밑간한 소고기를 넣어 달달 볶다가 고기가 익으면 손질한 채소를 넣고 1분간 볶아요.

5 삶은 국수와 분량의 물을 넣고 잘 섞어가며 볶아요. 모자란 간은 소금으로 하고 마지막에 참기름을 둘러요.

밍구's TIP!

국수는 면이 길어서 어린아이가 먹을 때 목에 걸릴 수 있어요. 아이의 나이에 맞게 적당한 길이로 잘라서 먹여주세요.

소고기토마토진밥

소고기토마토진밥은 리소토와 비슷한 방법으로 만들어요.
리소토의 경우 생쌀을 사용해 오랜 시간을 저어가며 끓여야 하지만
진밥은 미리 지어놓은 밥으로 짧은 시간에 금방 만들 수 있다는 장점이 있어요.

READY

- 다진 소고기 ½줌
- 완숙 토마토 1개
- 다진 양파 1숟가락
- 다진 당근 1숟가락
- 다진 새송이버섯 1숟가락
- 식용유 약간
- 멸치 다시마 육수 5숟가락
- 밥 ½공기
- 간장 ½숟가락
- 올리고당 ½숟가락
- 소금 약간
- 후춧가루 약간

밑간 양념

- 설탕 ¼숟가락
- 간장 ¼숟가락
- 맛술 ⅓숟가락
- 다진 마늘 약간

1 다진 소고기에 **밑간 양념**을 넣고 10분간 숙성시켜요.

2 토마토는 십자 모양으로 칼집을 낸 뒤 끓는 물에 1분간 데치고 찬물에 담가 껍질을 벗겨요.

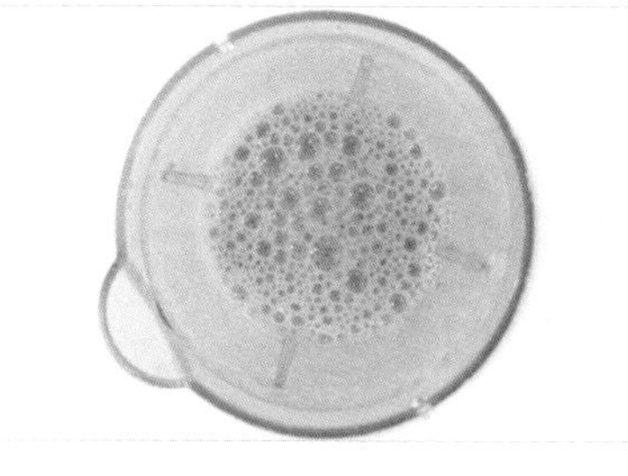

3 데친 토마토는 믹서에 넣고 곱게 갈아요.

4 양파, 당근, 새송이버섯은 곱게 다져요.

5 냄비에 식용유를 약간 두른 뒤 양념한 소고기와 채소를 넣고 고기가 익을 때까지 1분간 볶아요.

6 갈은 토마토와 멸치 다시마 육수, 밥, 간장, 올리고당, 소금, 후춧가루를 넣고 약불에서 10분간 끓여요.

7 약불에서 채소가 부드럽게 익고 밥이 적당히 퍼질 때까지 끓여요.

밍구'S TIP!

- 진밥은 유아식을 시작하기 전 완료기 이유식을 하고 있는 아이들(11~13개월)이 먹기에도 좋아요.
- 간을 아직 시작하지 않은 아이의 경우 양념을 최대한 적게 하거나 빼고 만들어주세요.

시금치크림리소토

우유를 넣어 부드럽게 만든 리소토에 시금치로 비타민을 듬뿍 충전해주어요!
시금치는 향이 강하지 않고 식감이 부드러워 대부분의 요리에 아주 잘 어울려요.

READY

- 불린 쌀 1컵
- 다진 돼지고기 2숟가락
- 맛술 ½숟가락
- 소금 약간
- 후춧가루 약간
- 시금치 ½줌
- 다진 양파 1숟가락
- 식용유 약간
- 다진 마늘 ⅓숟가락
- 물 5컵
- 우유 1컵

1 쌀은 깨끗이 씻어 찬물에 30분 이상 불린 뒤 체에 밭쳐 물기를 빼요.

2 다진 돼지고기에 맛술, 소금, 후춧가루를 넣어 밑간해요.

3 끓는 물에 소금을 약간 넣고 시금치를 재빨리 데친 뒤 찬물에 헹구고 물기를 꼭 짜요.

4 데친 시금치와 양파는 잘게 다져요.

5 냄비에 식용유를 약간 두른 뒤 다진 마늘, 돼지고기, 양파를 넣고 볶아요.

6 불린 쌀을 넣고 쌀이 살짝 투명해질 정도로 볶아요.

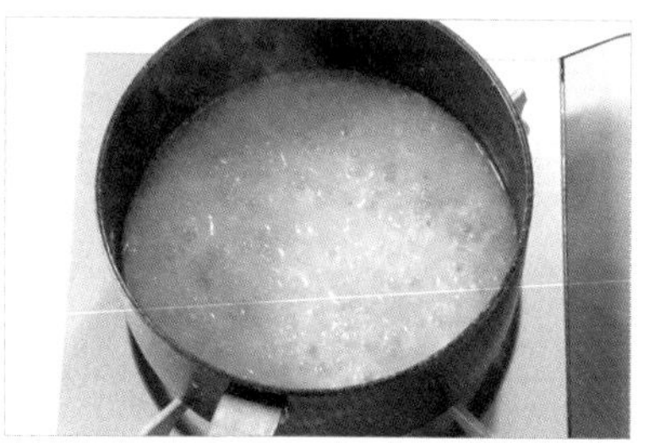

7 분량의 물을 넣고 잘 저어가며 중약불에서 5~7분간 끓여요.

8 쌀이 거의 다 익으면 우유와 데친 시금치를 넣고 걸쭉해질 때까지 끓여요.

밍구'S TIP!

다진 돼지고기 대신 새우살이나 닭다리살을 넣고 만들어도 맛있어요.

크림카레파스타

토마토소스와 크림소스로 만든 파스타는 식상할 수 있어요.
하지만 카레가루 조금이면 아주 특별한 파스타를 만들 수 있답니다.
우유와 카레의 조합으로 카레의 자극적인 맛이 줄어들고 부드럽고
적당한 감칠맛의 파스타가 완성돼요.

READY

- ○ 다진 양파 1숟가락
- ○ 닭다리살 1덩이
- ○ 소금 약간
- ○ 스파게티니 면 1줌
- ○ 올리브오일 약간
- ○ 다진 마늘 약간
- ○ 우유 1컵
- ○ 카레가루 1숟가락

1 양파는 잘게 다져요.

2 닭다리살은 껍질을 제거하고 차가운 우유에 30분간 담가요.

닭의 잡내가 제거되고 육질이 연해져요.

3 찬물에 닭다리살을 씻고 물기를 제거한 뒤 적당한 크기로 썰어요.

4 끓는 물에 소금을 넣고 스파게티니 면을 2등분해 넣고 7분간 삶아요.

5 달군 팬에 올리브오일을 약간 두르고 다진 마늘, 다진 양파, 닭다리살을 넣고 노릇하게 구워요.

6 우유와 카레가루를 넣고 끓여요.

7 소스가 끓기 시작하면 익힌 면을 넣고 센 불에서 1~2분간 젓가락으로 휘저어요.

밍구'S TIP!

- 카레가루를 넣어서 따로 간을 하지 않아도 괜찮아요.
- 7번 과정에서 젓가락으로 면을 자주 휘저을수록 소스가 면에 더 많이 흡수되서 더욱 맛있어요.

우엉볶음밥

딱딱한 뿌리채소인 우엉은 흔히 김밥이나 조림으로
먹는 경우가 많지만 알고 보면 우엉으로도
여러 가지 요리를 즐길 수 있어요.
우엉 특유의 향을 잘 살린 볶음밥으로 우리 아이에게
건강한 한 그릇 식사를 선물해요.

READY

- ○ 우엉 ⅓대
- ○ 식초 약간
- ○ 다진 돼지 목살 1숟가락
- ○ 다진 부추 2숟가락
- ○ 다진 양파 2숟가락
- ○ 식용유 넉넉히
- ○ 다진 마늘 약간
- ○ 밥 ⅔공기
- ○ 간장 ⅔숟가락
- ○ 통깨 약간

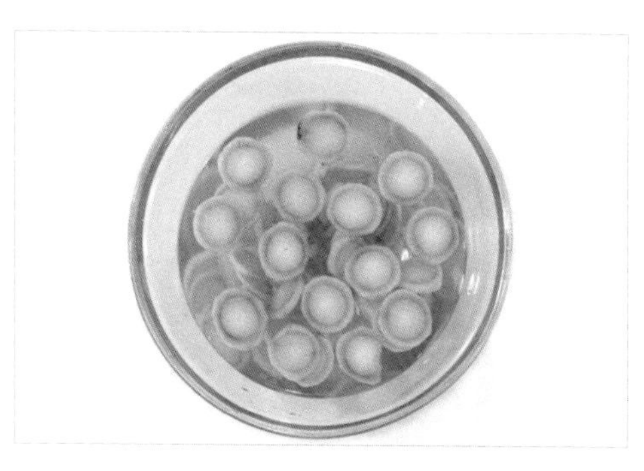

1 우엉은 껍질을 제거하고 얇게 썬 뒤 식초를 약간 넣은 찬 물에 5분간 담가두었다가 키친타월로 물기를 완전히 제거해요.

우엉이 갈변되는 것을 막아줘요.

2 돼지 목살, 부추, 양파는 잘게 다져요.

3 손질한 우엉은 식용유에 튀기듯이 노릇하게 볶아 우엉칩을 만들어요.

우엉 기름은 버리지 않고 모아두세요.

4 달군 팬에 우엉을 튀겼던 기름을 두르고 다진 마늘과 돼지 목살과 양파를 볶아요.

5 밥과 간장을 넣고 밥알이 뭉치지 않도록 고루 볶다가 마지막에 불을 끈 뒤 부추와 통깨를 넣고 섞어요.

6 볶음밥을 접시에 담은 뒤 우엉칩을 뿌려요.

밍구's TIP!

우엉 손질법

우엉은 필러나 칼등으로 껍질을 벗기고 요리에 맞게 썰어 사용해요. 우엉이 갈변되는 것을 막고, 떫은 맛을 없애기 위해서는 식촛물에 잠시 담가두면 돼요. 남은 우엉은 흙째 신문지로 싼 뒤 비닐에 넣어 냉장 보관하면 오래 보관할 수 있어요.

짜장볶음밥

짜장은 밥이나 면 위에 촉촉하게 부어서 비벼 먹으면 아주 맛있지요.
춘장으로 밥과 함께 고슬고슬하게 볶아보세요.
그동안 먹었던 짜장과는 또 다른 맛과 식감을 느낄 수 있어요.

READY

- ○ 춘장 1숟가락
- ○ 식용유 약간
- ○ 다진 양파 1숟가락
- ○ 다진 오이 1숟가락
- ○ 다진 애호박 1숟가락
- ○ 다진 양배추 1숟가락
- ○ 양송이버섯 1개
- ○ 밥 ½공기
- ○ 설탕 ⅓숟가락

1 팬에 식용유를 약간 두르고 춘장을 약불에서 3분간 달달 볶아요.

기름에 볶으면 춘장 특유의 텁텁한 맛을 없앨 수 있을뿐더러 고소한 맛을 낼 수 있어요.

2 양파, 오이, 애호박, 양배추는 작고 네모지게 썰고, 양송이버섯도 비슷한 크기로 썰어요.

3 달군 팬에 식용유를 약간 두르고 채소를 모두 넣은 뒤 센 불에서 1분간 볶아요.

4 밥, 볶은 춘장 ⅓숟가락, 설탕을 넣고 골고루 볶아요.

밍구'S TIP!

- 해산물과 고기 등을 넣고 같이 볶으면 더욱 맛있어요.
- 볶음밥의 간은 볶은 춘장으로 조절해주세요.

고구마크림파스타

고구마를 파스타에 퐁당!
마치 고구마라테를 마시는 것처럼 달콤한 맛이 매력적이에요.
베이컨으로 칩을 만들어 바삭거리는 식감을 더해줬어요.
달달하고 고소하니 아이들에게도 역시 인기 만점이겠죠?

READY

- 호박고구마(대) ½개
- 베이컨 2줄
- 채 썬 양파 ½줌
- 식용유 약간
- 다진 마늘 ⅓숟가락
- 우유 1컵
- 소금 약간
- 파스타 면 1줌

1 냄비에 고구마와 물을 넣고 7~10분간 삶은 뒤 껍질을 벗겨요.

2 베이컨과 양파는 채 썰어요.

3 기름을 두르지 않은 팬에 베이컨을 넣고 약불에서 노릇노릇 튀기듯이 볶은 뒤 키친타월에 올려 기름을 제거해요.

4 달군 팬에 식용유를 약간 두르고 다진 마늘과 양파를 볶아요.

5 믹서에 볶은 양파와 고구마, 우유를 넣고 곱게 갈아 체에 걸러요.

숟가락으로 꾹꾹 누르면서 알뜰하게 걸러주세요.

6 끓는 물에 소금을 약간 넣은 뒤 파스타 면을 2등분해 넣고 7분간 삶아요.

7 팬에 갈은 고구마를 넣고 끓으면 삶은 파스타 면을 넣고 센 불에서 1분간 소스와 잘 섞어요.

8 베이컨 칩을 파스타 위에 뿌려요.

밍구'S TIP!

7번 과정에서 파스타 면을 넣고 긴 젓가락으로 휘저으며 계속해서 팬을 돌려주어야 소스가 면에 잘 스며들어 파스타가 더 맛있어져요.

홍합미역덮밥

바다의 영양 덩어리 미역은 아이들에게 꼭 필요한 식재료예요.
부드러운 미역은 보통 국이나 초무침으로 많이 만들어 먹지만 덮밥으로 만들어도 좋아요.
식감이 부드러워 어린아이가 먹어도 속이 아주 편안하답니다.

READY

- ○ 홍합살 2숟가락
- ○ 불린 미역 2숟가락
- ○ 전분물 1숟가락
  (물 3 : 감자전분가루 1)
- ○ 참기름 1숟가락
- ○ 다진 마늘 약간
- ○ 멸치 다시마 육수 1½컵
- ○ 다진 파 약간

1 홍합살은 흐르는 물에 흔들어 씻은 뒤 물기를 빼요.

2 불린 미역과 홍합살은 잘게 다지고, 전분물도 미리 만들어요.

3 팬에 참기름을 두르고 다진 마늘과 홍합살, 미역을 넣고 30초간 달달 볶아요.

4 멸치 다시마 육수를 붓고 다진 파를 넣어 약불에서 3~5분간 끓여요.

5 불을 끄고 전분물로 농도를 조절해요.

밍구'S TIP!

- 미역 손질법은 미역초무침(132쪽)을 참고해주세요.
- 홍합살 대신 바지락, 새우 등 다른 해산물을 넣어도 좋아요.
- 완료기 이유식을 하고 있는 아이들(11~13개월)이 먹기에도 좋아요.

잡채밥

잔칫날에 꼭 빠질 수 없는 것이 바로 잡채잖아요.
잡채는 만들 때마다 왜 그렇게 산을 쌓도록 넘치게 만드는지 모르겠어요.
남은 잡채나 잡채를 간단하게 만들어 올려서 맛있는 잡채밥을 만들어보세요.

READY

- ◯ 불린 당면 1줌
- ◯ 채 썬 당근 ½줌
- ◯ 채 썬 양파 ½줌
- ◯ 표고버섯 1개
- ◯ 부추 1줌
- ◯ 다진 돼지고기 2숟가락
- ◯ 소금 약간
- ◯ 후춧가루 약간
- ◯ 식용유 약간
- ◯ 다진 마늘 약간
- ◯ 다진 파 약간
- ◯ 맛술 1숟가락
- ◯ 참기름 1숟가락

잡채 양념

- ◯ 물 1컵
- ◯ 간장 2숟가락
- ◯ 올리고당 1숟가락

1 당면은 찬물에 30분간 불려요.

2 당근과 양파, 표고버섯은 얇게 채 썰고, 부추도 비슷한 크기로 썰어요.

3 다진 돼지고기는 소금과 후춧가루로 밑간해요.

4 달군 팬에 식용유를 약간 두르고 부추를 제외한 채소를 넣어 볶아요. 볶은 채소는 따로 덜어놓아요.

5 달군 팬에 식용유를 약간 두르고 다진 마늘, 다진 파를 볶다가 다진 돼지고기와 맛술을 넣고 볶아요. 볶은 고기도 따로 덜어놓아요.

6 팬에 **잡채 양념**과 불린 당면, 볶은 채소, 고기를 넣고 중불에서 2~3분간 끓여요.

7 부추와 참기름을 넣어요.

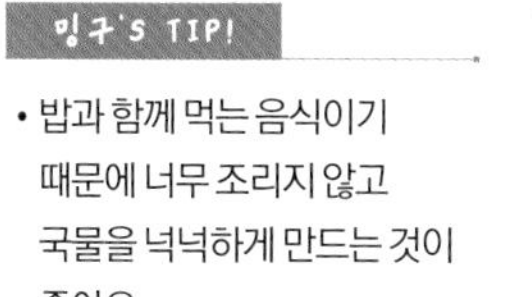

밍구'S TIP!

- 밥과 함께 먹는 음식이기 때문에 너무 조리지 않고 국물을 넉넉하게 만드는 것이 좋아요.
- 조리가 끝난 후 아이의 개월 수에 맞게 가위로 잘게 잘라주세요.

소고기채소덮밥

성장기 아이는 무엇보다 철분 섭취가 중요해요.
그래서 소고기를 자주 먹이는 것 같아요.
어린아이들이 먹는 소고기는 기름기가 적고 부드러운 부위를 사용하는 것이 좋아요.
채소와 함께 다진 소고기를 부드럽게 볶아 덮밥으로 만들었어요.

READY

- 다진 소고기 ½컵
- 다진 양파 3숟가락
- 다진 숙주 3숟가락
- 다진 부추 3숟가락
- 참기름 약간
- 물 또는 멸치 다시마 육수 ½컵
- 소금 약간
- 전분물 1숟가락
  (물 3 : 감자전분가루 1)

소고기 양념

- 설탕 ⅓숟가락
- 다진 마늘 ⅓숟가락
- 간장 1숟가락
- 맛술 1숟가락

1 다진 소고기에 **소고기 양념**을 넣고 15분간 숙성시켜요.

2 양파, 숙주, 부추는 잘게 다져요.

3 달군 팬에 참기름을 약간 두르고 소고기를 덩어리지지 않도록 잘 풀어가며 30초간 볶아요.

4 손질한 채소를 넣고 센 불에서 잠시 볶다가 분량의 물 또는 멸치 다시마 육수를 붓고 채소가 익을 때까지 중불에서 살짝 끓여요.

5 불을 약불로 줄이고 소금을 넣고 전분물로 농도를 맞춘 뒤 밥 위에 얹어요.

밍구's TIP!

- 소고기에 양념이 되어서 간이 충분하지만 취향에 따라 모자란 간은 소금으로 해주세요.
- 다진 소고기 대신 다진 돼지고기를 사용해도 괜찮아요. 채소의 종류도 냉장고 안에 있는 재료로 대체해도 좋아요.

게살호박덮밥

저희 아이들이 유아식을 막 시작할 때
덮밥 요리를 자주 해줬어요.
여러 가지 채소들과 재료들을 한꺼번에 넣고
푹 익혀 밥과 함께 촉촉하게 비벼주면
맛있게 한 그릇을 비우더라고요.
영양소도 많고 식감도 부드러워 유아식을
시작하는 데 참 많은 도움이 되었어요.
주재료와 부재료를 이것저것 바꿔가며
응용해보세요!

READY

- ○ 채 썬 양파 ½줌
- ○ 채 썬 애호박 1줌
- ○ 대게 또는 홍게살 1줌
- ○ 식용유 약간
- ○ 다진 마늘 약간
- ○ 다진 파 약간
- ○ 다시마 육수 ½컵
- ○ 전분물 1~2숟가락 (물 3 : 감자전분가루 1)
- ○ 참기름 ⅓숟가락
- ○ 밥 ⅔공기

1 양파와 애호박은 얇게 채 썰어요.

2 게살은 끓는 물에 살짝 데쳐요.

3 팬에 식용유를 약간 두르고 다진 마늘, 다진 파를 볶다가 양파와 호박을 넣고 센 불에서 1분간 볶아요.

4 다시마 육수와 게살을 넣고 약불에서 끓여요.

5 육수가 끓기 시작하면 불을 끄고 전분물을 넣어 농도를 맞춘 뒤 참기름을 둘러요. 완성된 덮밥 소스는 밥 위에 얹어서 먹어요.

표고버섯 들깨진밥

버섯과 들깨는
환상의 궁합이에요.
쫄깃한 버섯의 식감과
들깨의 고소함이 만나면
숟가락을 멈출 수 없지요.
부드럽게 진밥으로 만들어서
아이들과 함께 즐겨요.

READY

- ○ 다진 양파 1숟가락
- ○ 다진 표고버섯 3숟가락
- ○ 채 썬 무 1줌
- ○ 들기름 약간
- ○ 멸치 다시마 육수 1컵
- ○ 밥 ½공기
- ○ 소금 약간
- ○ 들깻가루(탈피) 1숟가락

1 양파와 표고버섯은 잘게 다지고, 무는 얇게 채 썬 뒤 짧게 썰어요.

2 냄비에 들기름을 약간 두르고 손질한 재료를 30초간 달달 볶아요.

3 멸치 다시마 육수와 밥을 넣고 끓여요.

4 육수가 끓기 시작하면 약불로 줄여 뚜껑을 덮고 5분간 끓인 뒤 소금으로 간하고 들깻가루를 넣어요.

쌀알이 퍼지고 무가 부드럽게 익을 때까지 천천히 끓여주세요. 끓이는 도중에 육수가 부족하다고 느껴지면 조금씩 보충해요.

밍구's TIP!

- 표고버섯 손질법은 표고버섯불고기(056쪽)를 참고해주세요.
- 완료기 이유식을 하고 있는 아이들(11~13개월)이 먹기에도 좋아요.

밍구's식판
유아 반찬 140

초판 1쇄 발행 2018년 9월 10일
초판 22쇄 발행 2023년 5월 1일

지은이 김민정
펴낸이 김영조
디자인 이병옥, 정지연 | **마케팅** 김민수, 구예원 | **제작** 김경묵 | **경영지원** 정은진
표지촬영 이과용(15스튜디오) | **외주디자인** ALL designgroup | **식판협찬** 어웨이큰 센스
펴낸곳 싸이프레스 | **주소** 서울시 마포구 양화로7길 44, 3층
전화 (02)335-0385/0399 | **팩스** (02)335-0397
홈페이지 www.cypressbook.co.kr
인스타그램 싸이프레스 @cypress_book | **싸이클** @cycle_book
출판등록 2009년 11월 3일 제2010-000105호

ISBN 979-11-6032-049-7 13590

· 이 책은 저작권법에 따라 보호를 받는 저작물이므로 무단 전재 및 무단 복제를 금합니다.
· 책값은 뒤표지에 있습니다.
· 파본은 구입하신 곳에서 교환해 드립니다.
· 싸이프레스는 여러분의 소중한 원고를 기다립니다.